KB042495

알기쉬운

도시철도시스템 I

도시철도일반 · 차량일반

원제무 · 서은영

박영사

머리말

　도시철도는 시민의 발이다. 이는 도시철도는 도시에서 시민들이 매일 이용하는 핵심 대중교통수단이기 때문이다. 도시철도는 우리의 도시생활과 밀접하게 연관되어 있어서 철도 분야와 관련된 철도 전문가뿐 아니라 일반 도시민들의 뜨거운 관심을 받고 있는 교통 수단이기도 하다. 이런 의미에서 도시철도시스템 분야에 대한 관심이 증폭되면서 주목의 대상이 되고 있다. '도시철도 일반'이 제2종철도차량 운전면허시험과목에 포함된 배경이기도 하다.

　저자들은 도시철도시스템이란 과목을 좀 더 독자들에게 가깝게 다가가기 위하여 책 곳곳에 다양한 그림과 표를 집어넣으면서 가급적 알기 쉽게 풀어보았다. 이는 어디까지나 학생(철도차량 운전면허수험생)의 편의에서 조금이라도 도움이 되었으면 하는 의도에서이다.

　첫 번째, 도시철도와 운전일반에서는 도시철도의 과거와 현재를 이해하기 위한 도시철도의 연혁, 도시철도의 특성, 그리고 도시철도의 운영현황을 다룬다. 여기서는 광역철도 도시간 철도 경량전철, 노면전차, 모노레일, 안내 궤도식 철도, 자기부상열차란 무엇인지에 대해 알아본다. 또한 대형전동차와 중형전동차로 구성된 중량전철에 대해서도 알아본다.

　운전일반에서는 열차운행의 종류와 기관사의 정체성(3가지)와 기관사의 업무특징에 대해 설명한다. 아울러 전기동차의 승무사업 준비과정과 동력차 인수인계를 논한다. 운전취급에서는 기동절차라고 불리우는 출고준비과정과 기능시험 준비과정을 설명한다. 그리고 전기동차 운전에 있어서 운전취급, 제동취급, 열차운행 중 주요사항에 대해 독자들의 이해를 돕는다.

두 번째, 차량 및 주요기기에서는 우선적으로 차량유니트와 전동차 추진 원리를 비롯한 전기동차의 종류와 특성을 논한다. 이어서 특고압 기기의 구성 및 기능을 하나씩 살핀다. 그리고 제동장치와 제동의 종류 및 작용(SELD, HRDA, KNORR)에 대해 설명한다.

세 번째 신호제어설비에서는 신호기의 개발 연혁, 열차간격제어시스템(ATS/ATC/ATO), 신호기, 표지의 종류, 선로전환기, 궤도회로 폐색장치를 기술한다. 아울러 연동장치에서는 신호기와 선로전환기 상호 간의 연쇄, 선로전환기 상호 간의 연쇄 등에 대해 논하고, 여러 가지 쇄정방법에 대한 내용도 다룬다.

네 번째, 전기설비 일반은 전기, 전기철도에 대한 이해에 우선적으로 초점을 맞춘다. 전기철도의 개념 및 연혁, 교직류 특성 분류, 급전방식, 절연구간, 전차선 및 구분장치에 대한 내용을 논한다. 독자의 입장에서 보면 '전기철도'를 배우는 것이라 낯설고 이해가 잘 안 갈 수 있으나 그림과 표를 동원하여 가급적 쉽게 설명하려고 노력해 보았다. 전기설비는 시험에 자주 출제가 되므로 전기철도 관련 내용을 꼼꼼히 살펴 볼 필요가 있다. 따라서 전기에 대한 개념정리를 확실히 하고, 교직 급전계통, 전차선 가선방식 및 설비, 표지 등의 설치 조건을 이해해야 한다. 특히 에어조인트, 에어섹션, 익스펜션조인트, 앵커링 등 구분장치들은 외우는 것이 도움이 된다.

다섯 번째, 토목일반에서는 우선적으로 철도토목에 대한 이해. 궤도, 노반, 구조물에 대한 학습을 한다. 철도선로의 구조, 궤간, 완화곡선(크로소이드), 슬랙, 기울기(구배), 건축한계와 차량한계, 레일과 침목의 종류 등등 철도토목에 대한 기본적인 지식을 쌓는 내용들로 구성되어 있다. 분기기의 구성 3요소, 차량 및 건축한계 수치, 궤도의 구성요소 등과 레일의 종류(장척, 단척 표준 등) 등 시험에 자주 출제되는 내용을 정확히 이해하는 것이 필요하다.

여섯 번째, 정보통신에서는 우선적으로 아날로그와 디지털, 유무선 매체, 전파 주파수 등에 대한 이해도를 높인다. 정보통신에서 다루는 내용은 많은데 기존에 출제된 시험문제를 보면 주로 '정보통신 일반'의 앞부분에서 출제되는 경향이 있다. 따라서 정보통신 일반

초반부에 집중하여 이해하면서 열차 고정형 무전기 등에 대해서는 심도 있게 다루지 않아도 될 듯하다(단 후반부 C, M, Y 채널은 외워야 한다.).

일곱 번째, 관제장치에서는 우선 "관제장치는 어떤 역할은 하는가?"를 이해해야 한다. 관제장치의 본질적인 기능은 (1) 자동으로 열차운행 제어한다. (2) 한 곳에서 집중 제어한다. (3) 열차안전운행을 위해 보안기능을 활용한다. (4) 서비스제공이다. 관제장치에서는 이런 관제장치의 역할을 다하기 위한 CTC, TTC제어, MSC, TTC 등 관제설비의 종류, 관제 주요기기, 로컬/중앙제어, 관제사의 업무 및 운전명령, 사고 및 장애 관리 등에 대해서 살펴본다. 여기서는 전반적으로 관제장치별 개념을 이해하고 외워야 한다. 특히 TTC와 TCC는 서로 기능이 다르므로 헷갈리지 말아야 한다.

이 책을 출판해 준 박영사의 안상준 대표님이 호의를 배풀어 주신 것에 대해 감사를 드린다. 아울러 이 책의 편집과정에서 보여준 전채린 과장님의 정성과 열정에 마음 깊이 고마움을 느낀다.

아무쪼록 이 책을 통해 더 많은 철도면허시험 준비하는 분들이 국가고시에 합격하게 된다면 저자로서는 이를 커다란 보람으로 삼고자 한다.

저자 원제무 · 서은영

제1부 도시철도와 운전일반

제1장 도시철도의 특징

제2장 운전일반

제3장 운전취급

제2부 차량 및 주요기기

제1장 전기동차 일반

제2장 전기동차 주요회로 및 주요기기의 기능

제3장 주요기기 구성

제4장 전동차 유지관리

제5장 저항제어 및 쵸퍼제어차

제1부

도시철도와 운전일반

제1장

도시철도의 특징

제1절 도시철도시스템의 유형별 특징

1. 철도교통수단이란?

- 철도이용 여객이나 화물의 이동권을 확보해주기 위한 교통수단으로 많은 승객을 처리하는 수단임
- 기점과 종점이 있으면서 중간에 여러 정류장을 갖고 운행하는 수단임

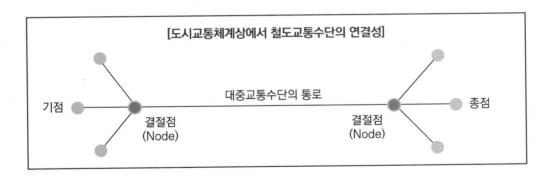

[도시교통체계상에서 철도교통수단의 연결성]

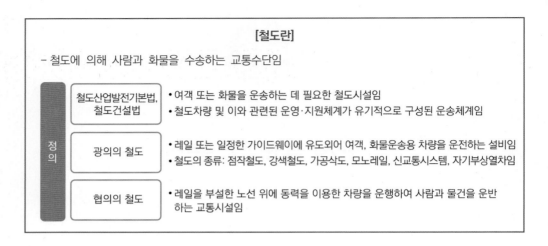

2. 철도교통의 특징

- 철도교통은 장거리 승객·화물을 수송할 수 있음
- 철도교통은 지역간·대도시간 승객·화물의 수송에 적합함
- 철도교통은 대도시 내 및 대도시 주변 지역의 승객을 위한 도시철도 서비스를 제공할 수 있음
- 철도교통은 고용량 교통수단으로서 대량의 승객과 화물을 수송할 수 있음
- 소단위, 즉 적은 수의 승객이나 화물의 수송에는 적합하지 않음
- 자동차처럼 문전에서 문전(door−to−door)서비스가 제공되지 못함

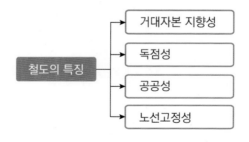

3. 철도의 장점

① 대량수송성	• 적은 에너지로 많은 차량을 일시에 대량 수송 가능, 정해진 운전시격으로 고속운전 가능함
② 안전성	• 각종 보안설비를 통하여 수송을 위한 일정합 부지를 점유, 레일에 의하여 그 주행을 유도하여 귀중한 인명과 재화를 안전하게 수송할 수 있음
③ 주행저항성	• 레일 위로 철의 차륜을 갖는 차량이 주행하기 때문에 주행저항이 대단히 적으므로 고속주행이 가능하고 등판능력이 그만큼 큼 • 철도를 1로 할 때 버스 1.4, 승용차 7.1, 트럭 5.3으로 에너지 효율이 현저히 우수함
④ 전기운전성	• 동력이 외부로부터 공급되기 때문에 효율적인 전기운전이 가능하며, 과거의 증기 또는 디젤기관차에 필요했던 동력장치의 대폭 감소가 가능함 • 전기동력시스템은 대기오염원을 제거할 수 있어 친환경교통수단으로 부각되고 있음
⑤ 고속성	• 전용의 선로를 갖고 있고 IT를 융합한 첨단기술에 의해 고속운전장치가 되어 있어 가능함
⑥ 신뢰성	• 기상조건변화에 영향을 거의 받지 않고 운행이 가능함
⑦ 쾌적성	• 차량공간이 넓으며, 좌석의 폭이 넓고, 승차감이 좋음 • 차내의 소음, 창밖 조망이 타 교통수단보다 우수함
⑧ 저렴성	• 대량수송이 가능하고, 운송능력이 높으므로 저렴한 요금으로 운송이 제공될 수 있음
⑨ 장거리성	• 지역간 철도는 장거리 이동교통시스템이 갖추어야 할 제반특성을 지니고 있음 • 안전한 차량구조와 과학적인 정비로서 양질의 서비스가 제공됨
⑩ 저공해성	• 배기가스에 의한 대기오염이 발생되지 않음 • 철도시스템의 첨단화로 소음진동으로 인해 철도변 지역주민에게 미치는 영향이 적음 • 자동차 트럭 등 도로교통수단에 비해 자연환경의 파괴가 월등히 적음

4. 철도의 장점

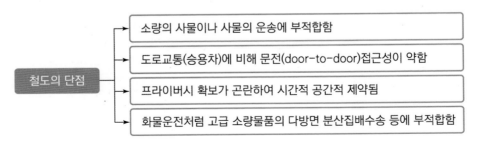

철도의 단점
- 소량의 사물이나 사물의 운송에 부적합함
- 도로교통(승용차)에 비해 문전(door-to-door)접근성이 약함
- 프라이버시 확보가 곤란하여 시간적 공간적 제약됨
- 화물운전처럼 고급 소량물품의 다방면 분산집배수송 등에 부적합함

5. 도시철도의 특징 및 유형

1) 도시철도의 특징

- 도시철도는 안전, 신속, 정확, 친환경성, 대량수송성의 장점을 가지고 있다.
- 도심과 도심 및 교외 간의 승객을 고용량을 가진 도시철도에 의해 수송함으로써 도시의 수송난을 해결할 수 있다.
- 도시철도는 해당 도시의 내부통행량을 수송하는 기능을 갖고 있기 때문에 이동성보다는 접근성에 주안점을 두고 있다.
- 이로 인해 역 간 거리는 1km 내외로 짧은 편이다.
- 수도권 전철(광역철도)은 서울시와 주변도시들을 연계하는 광역수송기능을 갖고 있기 때문에 평균 역 간 거리 2km/h가 유지된다.
- 이동성 강화를 위해 급행전철 운행을 통해 표정속도를 향상시킬 수 있다.

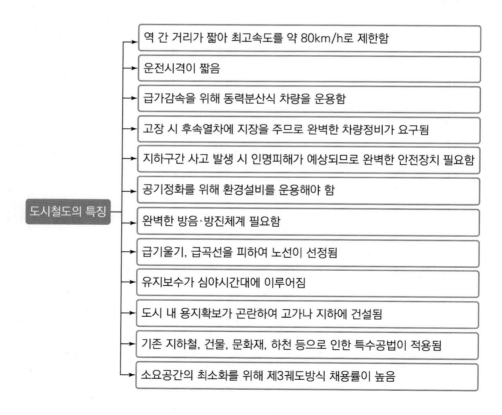

6. 수송용량 공급수준과 도시철도 유형

1) 수송용량 공급수준

- 서울 오전 Rush Hour시 배차간격은 2.5~5분, 지방 지하철은 4~5분
- 평시에는 서울의 배차간격은 4~6분, 지방 지하철은 8~10분
- 노선에 따라서는 2배 이상의 운행횟수 차이
- 1편성 차량 수는 서울이 대형전동차 6~10량 지방 지하철은 중형 전동차는 4~8량 규모로 공급수준에서는 서울이 최대 4배 수준 이상

예제 다음 중 출근시간대에 최고의 혼잡률을 나타내는 도시철도 노선으로 맞는 것은?

가. 인천국제공항철도　　　　　　　　나. 서울교통공사 2호선
다. 서울교통공사 4호선　　　　　　　라. 인천교통공사 1호선

해설 서울교통공사 2호선은 출근시간에는 혼잡률 223%에 달한다.

예제 다음 중 1일 열차운행 횟수가 가장 많은 도시철도는?

가. 서울교통공사 5호선(방화-상일동역 간)　　나. 서울교통공사 4호선(당고개-남태령 간)
다. 한국철도공사 경인선(구로-인천역 간)　　라. 서울교통공사 1호선(서울-청량리역 간)

해설 한국철도공사 경인선(구로-인천역 간)은 1일 열차운행 횟수가 546회로 가장 많다.

예제 다음 중 전기방식이 다른 철도노선은?

가. 대구지하철 1호선　　　　　　　　나. 대전지하철
나. 도시철도 5호선　　　　　　　　　라. 코레일 공항철도

해설 코레일 공항철도는 교류 25,000V 60Hz이고, 나머지 도시철도는 모두 1,500V의 직류방식이다.

예제 다음 중 도시철도 노선별 운행차량 제어방식의 연결이 잘 못된 것은?

가. 대전지하철: VVVF-IPM

나 .코레일 공항철도: VVVF-IGBT

다. 부산지하철 2호선: 전압형 Chopper 제어

라. 인천지하철: VVVF-IGBT인버터

해설 부산지하철 2호선: 전압형 VVVF 인버터 제어방식을 사용한다.

예제 다음 중 전기동차의 정의 및 특징에 관한 설명으로 틀린 것은?

가. 전기동차는 여러 대의 차량을 한 개의 편성으로 구성하여 운행하며, 동력을 발생하는 차량(M차)을 분산하여 연결하여 놓음으로써 객실공간 확보, 축당중량 분배 등을 고려하였다.

나. 전기동차는 모든 편성의 제어를 전부 운전실에서 일괄적으로 동시에 할 수 있는 기능을 가지고 있으며, 일부의 기기는 전ㆍ후부운전실에서 제어가 가능하다.

다. 전차선에 공급되는 교류25KV 구간과 직류1500V 구간을 운행할 수 있는 교직류전동차(ADV)와 직류구간만을 운행할 수 있는 직류전동차(DCV)로 구별된다.

라. 여러 대의 차량을 1개 편성으로 구성하여 열차로 운행이 가능한 기능을 갖춘 최대 구성단위를 UNIT라고 한다.

해설 여러 대의 차량을 1개 편성으로 구성하여 열차로 운행이 가능한 기능을 갖춘 최소 구성단위를 UNIT라고 한다.

※ 유니트(Unit)

동력분산식 전동차는 특정한 종류의 차량 1세트로 구성되어야만 비로소 움직이게 된다. 이 세트를 일반적으로 유니트라고 부른다. 1개 유니트는 2-4량 정도로 구성된다. 따라서 편성을 조절하려면 항상 1개 유니트단위로 조합해야 한다. 예로서 TC-M-M-T-T1-M-M-TC 순으로 편성된 서울 7호선 8편성 전동차는 T1-M(5호차, 6호차) 두 칸(1 유닛)을 빼내어 6량으로 줄일 수 있지 1량만 빼내어 7량으로 줄인다는 등의 방식은 불가능하다.

2) 도시철도 유형

구분	용량	수송능력 (PPHPD)	편성량 수	운영중인 도시
중량(重量)전철 (MRT: Mass Rapid Transit)	대형	4~9만명	6~10량	서울시지하철 1~7, 9호선
중(中)전철 (MCT: Medium Capacity Transit)	중형	2~4만명	6~10량	대전, 대구, 인천 지하철
경량(輕量)전철 (LRT: Light Rapid Transit)	소형	5천~3만명	2~6량	의정부, 용인

* PPHPD(Persons per hour per direction): 편도1시간당 수송인원(명/시간/방향)

- 우리나라 도시(주로 대도시)에서는 지하철(중량전철) 위주로 건설하여 운영
- 중도시(대구, 대전, 광주 등)에서는 중전철(Medium Capacity Rail) 중심으로 건설하여 운영
- 도시의 대중교통 사각지대나, 일부 중소도시의 철도수요발생지역에는 중량전철보다 경량전철을 건설하여 운영
- 경량전철은 서울시의 우이−신설선을 포함하여 용인시, 의정부시에서 건설하여 운영

예제 **다음 중 도시철도의 특징이 아닌 것은?**

가. 비교적 단거리 구간을 운행한다.   나. 주로 지상구간만 이용한다.

다. 대량수송이 가능하다.   라. 고밀도 운전이 가능하다.

해설 도시철도는 주로 지하구간을 운영한다.

경량전철(LRT: Light Rail Transit)

[유형별 특징]

| 구 분 | AGT | | | 모노레일 | | 노면
전차 | BRT | 자기
부상
열차 |
| | 고무
차륜 | 철제차륜 | | 과좌식 | 현수식 | | | |
		로터리	LIM					
승객정원(량)	60~90	75~100	60~130	45~80	79~82	110~120	60~240	60~120
차량수 (편성)	2~6	2~4	1~6	2~6	2~3	1~7	1~2	2~4
수송능력 (시간·방향)	7,000~ 25,000	17,000~ 20,000	25,000~ 30,000	3,200~ 20,000	3,000~ 12,000	5,000~ 15,000	5,000~ 12,000	–
차륜형태	고무차륜	철제차륜	소형철제	고무차륜	고무차륜	철제차륜	고무차륜	자기판
최고속도 (km/h)	60~80	70~80	80~90	56~85	65~75	80	50~60	80~500
최급구배(%)	5~7	4~6	5~6	8~10	6~7.4	4~8	–	6
최소회전반경 (m)	30~35	25~40	70~100	50~120	50~90	20	20	30

예제 다음 중 경량전철의 표정속도로 맞는 것은?

가. 25-35km/h   나. 35-40km/h
다. 30-35km/h   라. 60-70km/h

해설 표정속도 = 거리/(운행시간 + 정차시간)

1. 노면전차(SLRT: Street Light Rail Transit)

- 일반적으로 일반도로 상에 레일을 부설하여 차량이 주행하는 시스템임
- 기존의 구형 노면전차에 비해 최고속도 가·감속 성능을 개선하고 연결대차 및 연결기를 이용하여 수송능력을 향상시킨 신교통수단임
- 요즘 대부분의 노면전차는 승객의 승차시간 단축을 통한 표정속도 향상을 도모하기 위하여 차량 내에서 요금을 징수하는 시스템을 적용하고 있음

노면전차 (체코, 뜨라하)

노면전차 (프랑스, 스트라스부르크)

2. 모노레일(Monorail)

- 1개의 궤도를 따라 주행하는 고무바퀴 장착식 또는 강재의 차륜에 의해 주행하는 신교통시스템임
- 궤도는 일반적으로 고가형식의 구조로 운행속도는 30~50km/hr로 최대속도는 80km/hr 까지 가능함
- 차량의 지지방식에 따라 과좌식(독일 ALWEG, 미국 Look Heel), 현수식(프랑스 SAFAGE) 이 있음

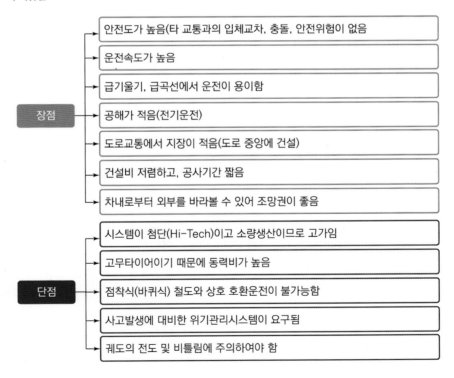

장점	안전도가 높음(타 교통과의 입체교차, 충돌, 안전위험이 없음
	운전속도가 높음
	급기울기, 급곡선에서 운전이 용이함
	공해가 적음(전기운전)
	도로교통에서 지장이 적음(도로 중앙에 건설)
	건설비 저렴하고, 공사기간 짧음
	차내로부터 외부를 바라볼 수 있어 조망권이 좋음
단점	시스템이 첨단(Hi-Tech)이고 소량생산이므로 고가임
	고무타이어이기 때문에 동력비가 높음
	점착식(바퀴식) 철도와 상호 호환운전이 불가능함
	사고발생에 대비한 위기관리시스템이 요구됨
	궤도의 전도 및 비틀림에 주의하여야 함

안눈 모노레일 (서드니 모노레일)　　　메달린 모노레일 (일본 쇼난)

3. 선형유도모터(LIM:Linear Induction Motor)

[선형유도모터란]

－전통적인 회전모터(원통형)가 아닌 판상의 선형모터(Linear Induction Motor)를 활용함

－1차코일을 차량에 설치하고 2차코일(Reaction Plate)을 궤도에 설치하여 전기에 의해 발생되는 자기력에 의해 주행하는 자기부상열차(Maglev)와 동일한 개념의 신교통 시스템임

[선형유도모터의 장점과 단점]

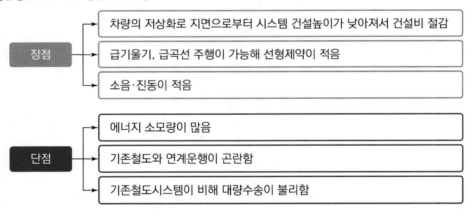

장점	차량의 저상화로 지면으로부터 시스템 건설높이가 낮아져서 건설비 절감
	급기울기, 급곡선 주행이 가능해 선형제약이 적음
	소음·진동이 적음

단점	에너지 소모량이 많음
	기존철도와 연계운행이 곤란함
	기존철도시스템이 비해 대량수송이 불리함

4. 안내궤도식철도(Automated Guided Transit: AGT)

- 차량이 서로 중앙의 안내궤도를 따라 주행하거나 또는 차량외측에 부착된 유도차륜이(Guided Rail 혹은 Tire) 측방의 측벽을 지지하면서 주행하는 열차운행방식
- 중앙자동운행시스템에 의해 최소간격으로 운행되고 무인운전이 가능한 신교통시스템임
- 우리나라에서는 철제차륜형/고무차륜형 AGT, 리니어모터(LIM) 등 3개 형을 대표시스템으로 선정하여 시스템 개발 사업을 진행하고 있음

[안내궤도식철도가 적용된 도시]
① 고무차륜형 AGT: 프랑스 릴리시 VAL System, 일본 도쿄 유리카모메, 요코하마 Sea side line 등
② 철제차륜형 AGT: 영국 DLR

[무인자동 대중교통수단의 유도방식]

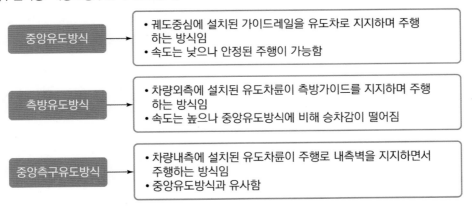

중앙유도방식
- 궤도중심에 설치된 가이드레일을 유도차로 지지하며 주행하는 방식임
- 속도는 낮으나 안정된 주행이 가능함

측방유도방식
- 차량외측에 설치된 유도차륜이 측방가이드를 지지하며 주행하는 방식임
- 속도는 높으나 중앙유도방식에 비해 승차감이 떨어짐

중앙측구유도방식
- 차량내측에 설치된 유도차륜이 주행로 내측벽을 지지하면서 주행하는 방식임
- 중앙유도방식과 유사함

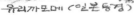
유리까모메 (일본동경)

무인자동열차 (인천공항)

5. 도시형 자기부상열차(Magnetic Levitation: Maglev)

[자기부상열차란]
- 자기부상식 철도시스템(Magnetic Levitation Linear Motor Car System)을 약칭하여 Maglev라 함
- 레일과 차륜이 없이 통행로 지반위에서 열차가 자기력에 의하여 부상하여 선형모터 (Linear Motor)에 의하여 주행함
- 점착식 철도에서는 시설 및 보수 등의 제약으로 350km/h가 영업최고속도로 되어 있으나, Maglev는 차체가 공중에 부상(10~100mm)하여 주행하기 때문에 소음·진 동이 없이 500km/h의 초고속 주행이 가능함

[자기부상열차의 유형]
① 초전도 반발식
- 강한 자력으로 유도통로(Guideway)상면에서 10cm 부상하여 주행함
- 초전도방식은 상업화에 이르기까지 극저온 공학, 신소재 등 연구가 필요함
- 초전도의 강력한 자력이 차내 승객에게 미치는 영향 검토가 필요함
② 상전도 흡인식
- 유도통로(Guideway)상면에서 1cm부상하여 주행함
- 지진 등으로 유도통로(Guide way)상면에 약간의 부정면이 있을 경우 안전문제 발생함
- 상전도 방식은 개발 완료로 상업화 용이함
③ 초전도 반발식과 상전도 흡인식의 공통점
- 지상으로부터 전류를 공급하고 속도를 제어함
- 차내에 밧데리를 탑재하여 차량용 자석이 작동함

[자기부상열차의 기능 및 원리]
- 자석의 같은 극끼리 반발하는 원리에 따라 초전도식 차량 부상임
- 유도통로(Guide way)에 영구자석을 사용하지 않고 외부와 연결되지 않는 코일을 사용함
- 차량이 주행하면서 자력선이 코일을 관통하게 되어 전자유도현상에 따라 코일에 전 류가 발생하고 전류가 흘러 자석이 됨

－자석은 이동하는 자력선에 대하여 자연적으로 반발력이 생겨 부상함

－차량이 움직이면 부상하고, 정전되어도 바로 낙하하지 않음

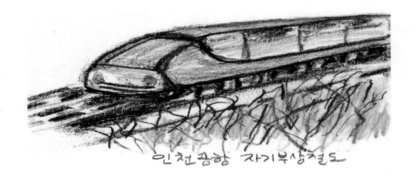

인천공항 자기부상철도

6. 궤도승용차(Personal Rapid Transit: PRT)

－PRT(Personal Rapid Transit: 궤도승용차)란 3－5인이 승차할 수 있는 소형차량이 궤도(Guide way)를 통하여 목적지까지 정차하지 않고 운행하는 새로운 도시교통 수단으로서 일종의 궤도 승용차임

－무인자동화시스템으로서 관제실과 실시간으로 운행정보를 소통하면서 운행되어 승객대기시간이 최소화됨

－모노레일이 버스수준의 서비스인 데 비하여 PRT는 택시수준의 서비스라고도 할 수 있음

[궤도승용차의 특징]

① 출발지에서 목적지까지 논스톱 운행

② 수요에 따라 24시간 수시로 운행

③ 4명까지 승차할 수 있는 안락한 좌석

④ PRT 전용트랙에 의한 완전 자동운전 시스템

궤도승용차 (순천만)

7. BRT(Bus Rapid Transit)

① 도시간 또는 지역간 경량전철 수준의 장거리 버스승객수요가 존재할 때 주요 간선
　도로축에 고용량버스를 도입하여 승객을 처리하는 버스중심의 교통시스템임
② 시간당 5천명~2만명의 승객처리용량을 지닌 광역급행 버스시스템임

[BRT의 특징]
① 정시성이 확보됨
② 버스전용파로를 이용하므로 일반버스에 비해 고속주행이 가능함
③ 시간당 승객처리 용량이 경전철과 비슷할 정도임

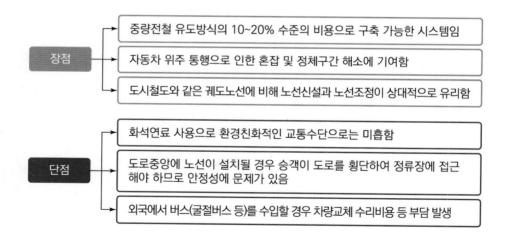

장점
- 중량전철 유도방식의 10~20% 수준의 비용으로 구축 가능한 시스템임
- 자동차 위주 통행으로 인한 혼잡 및 정체구간 해소에 기여함
- 도시철도와 같은 궤도노선에 비해 노선신설과 노선조정이 상대적으로 유리함

단점
- 화석연료 사용으로 환경친화적인 교통수단으로는 미흡함
- 도로중앙에 노선이 설치될 경우 승객이 도로를 횡단하여 정류장에 접근해야 하므로 안정성에 문제가 있음
- 외국에서 버스(굴절버스 등)를 수입할 경우 차량교체 수리비용 등 부담 발생

BRT 전용차로 (서울, 보고타 등)

BRT버스시스템 (브라질 꾸리찌바)

예제 다음 중 최근에 건설 중인 경량전철에 관한 설명 중 틀린 것은?

가. 1편성 운행열차당 수송량이 작다.

나. 노선별로 표정속도는 거의 대부분 일정하다.

다. 경량전철은 주로 기초자치단체에서 건설 타당성 검토가 이루어진다.

라. 광역자치단체의 지선과 기초자치단체의 간선형으로 도시철도(중량전철)와 연결수단으로 건설된다.

해설 노선별로 표정속도(거리/운행시간 + 정차시간)가 다르다.

제3절 도시철도 노선별 운영 현황

1. 경부, 경인, 경원, 경의, 경춘, 경의중앙, 1호선

- 1974년 8월 15일 지하 서울역 – 지하 청량리 7.8km 개통
- 철도공사는 AC 25KV, 서울교통DC 1500V
- ATS시스템, 저항제어전동차 및 VVVF 차량을 혼용 운행
- 남영역→서울역: AC 25KV 구간, 서울역→청량리역: DC 1500V구간
- 대부분의 철도운영 구간에서 기관사 1인 승무로 혼용

2. 서울교통공사 2호선

- 수도권 전철네트워크에서 유일한 순환선으로 시계방향으로 운행되는 것을 내선순환, 반시계방향으로 운행되는 것을 외선순환이라고 부른다.

－성수 지선(성수－신설동), 신정 지선(신도림－까치산)이 있다.

－출근 시간에는 전철노선 중 최고의 혼잡률(223%)을 기록하고 있다.

－전 구간 직류 1,500V전력을 사용한다.

－ATS신호체계로 운행되다가 2005년 이후 새로 도입된 차량부터 ATO설비가 설치되고 있다.

3. 일산 3호선

－한국철도공사 구간은 대화－지축 19.2km, 서울교통공사가 지축－수서를 운행하고 있으며

－전 구간 직류 1,500V 전력, ATC시스템을 사용하고 있다.

4. 안산 과천선 4호선 (4호선은 실기시험 대상노선)

－운영기관: 서울교통공사(당고개－남태령), KORAIL(선바위－오이도)

－통행방향: 우측통행(당고개－남태령: 직류우측통행), 좌측통행(선바위－오이도: 교류좌측통행)

－신호체계: ATC(당고개－금정), ATS(금정－오이도) (시험문제!! → 4호선은 실기시험 대상노선)

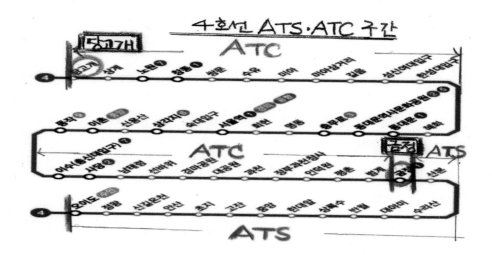

5. 서울교통공사 5,6,7,8호선

- 신호시스템: ATC/ATO 방식 1인 승무
- 차량편성: 8량, 전구간 직류 1,500V
- 제어방식: VVVF－IGBT(IGBT반도체 소자:가변전압가변주파수(VVVF)를 반도체가
  만들어 준다. VVVF－IGBT 인버터 신호방식
- 제어시스템: ATC/ATO 시스템(ATC신호체계 기반에 자동운행까지 추가)으로 운영

6. 인천지하철 1호선

- 차량편성 8량, 노선거리 29.4km, 전구간 직류 1,500V
- 제어방식: VVVF－IGBT(반도체 소자:가변전압가변주파수(VVVF))를 반도체가 만들
  어 준다.
- 신호방식: ATC/ATO 시스템(ATC신호체계 기반에 자동운행까지 추가)으로 운영

7. 인천 국제공항 철도

- 차량편성: 6량, 전기방식교류 25,000V 60Hz(김포공항－서울역은 지하구간인데도 불
  구하고 교류25,000V 사용)
- 제어방식: VVVF－IGBT

예제 다음 중 도시철도 개통연도가 틀린 것은?

가. 신분당선 개통: 2014년   나. 인천 국제공항철도 개통: 2007년

다. 서울 9호선 개통: 2009년   라. 용인경전철 개통: 2013년

해설 신분당선 개통은 2011년이다.

예제 다음 설명 중 틀린 것은?

가. 공항철도는 민간투자사업 중 BTO방식으로 추진되었다.

나. 부산교통공사 4호선은 완전무인 경전철로 2011년 개통되었다.

다. 경강선은 서울-강릉간 철도노선으로 6량 편성으로 운영되고 있다.

라. 수인선은 교류 가선전압 전용구간으로 운용하고 있다.

해설 경강선은 성남-여주, 원주-강릉을 잇는 120.7Km의 구간을 운영하고 있으며 2016년에 개통된 VVVF 제어방식이다. 현재 4량 편성(TC-M'-M'-TC)으로 운영 중이다.
 - 수익형민자사업(BTO): 민간이 철도시설을 건설하고 소유권을 정부에 이전하며 철도시설의 운영권을 일정기간 가지면서 수익을 모두 가져가는 방식이다.

[4호선 통행방식]

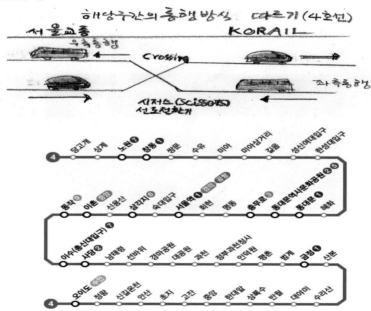

[표정속도]

− 평균속도: 열차가 주행한 총거리/(총 운전시간 − 정차시간)

− 표정속도: 열차가 주행한 총거리/총 운전시간(정차시간 포함)

− 최고속도: 차량 및 선로 등의 조건에서 허용되는 최고속도

− 균형속도: 동력차 견인력과 열차저항이 균형을 이루는 속도

− 제한속도: 안전확보 위한 여러 가지 조건에서 제한을 둔 속도

[열차DIA(Diagram for Train Scheduling)]

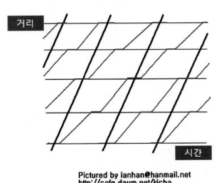

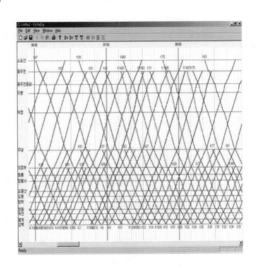

[일반열차와 급행열차의 분리 운행 방식]

− 일반열차는 급행열차와 교차되는 대피역에 먼저 도착해서 승객들을 내려주고 태운다.

− 일반열차는 잠시 대기하는 사이 뒤따라온 급행열차가 먼저 지나가고 나면 다시 출발한다.

[직류와 교류가 전기동차로 오기까지의 경로]

직류(DC: Direct Current)
DC1,500V

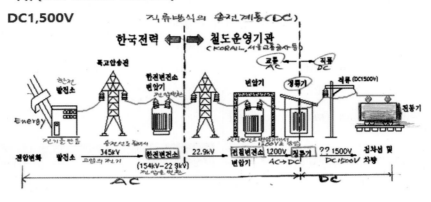

교류(AC: Alternative Current)
AC 25,000V

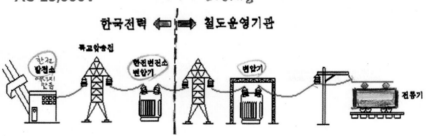

전압 변화	AT방식	발전소	$\xrightarrow{345kV}$	변전소	$\xrightarrow{154kV}$	전철변전소	$\xrightarrow{50kV}$	전차선	$\xrightarrow{25kV}$	차량
	BT방식	발전소	$\xrightarrow{345kV}$	변전소	$\xrightarrow{66-154kV}$	전철변전소	$\xrightarrow{25kV}$	전차선	$\xrightarrow{25kV}$	차량

[절연구간]

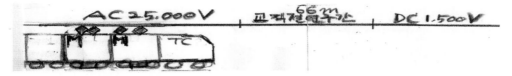

- 지하철을 타다 보면 '잠시 후, 전력공급방식 변경으로 객실 안 일부에 소등이 있겠습니다'라는 안내방송을 들은 적이 있을 것이다.
- 운영기관에 따라 각각 직류(DC)와 교류(AC)를 사용하다 보니 둘이 겹치는 구간에선 전력공급방식을 변경해야 하기 때문이다.
- 즉, 한 노선에 두 개의 운영기관이 지나가야 할 때 잠시 소등이 된다. 이때 불이 꺼지는 구간을 '절연구간'이라고 한다.
- 도시철도 법령에는 우측통행을, 일반기차 법령(KORAIL)에는 좌측통행을 하도록 되어 있기에 이 둘이 동시에 직진하면 열차끼리 충돌할 수 있다.
- 그래서 이 절연구간을 지날 때 꽈배기처럼 굴을 만들어 지나가도록 설계되어 있다.
- 전력공급 방식이 다른 두 기관의 열차는 이 절연구간에서 전차선에 전기가 들어오지 않게 된다.

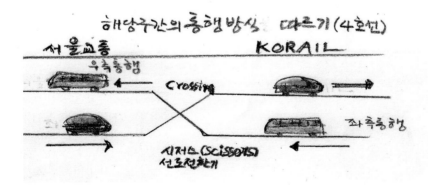

[발전제동]

- 교류 25KV를 Pan을 통해 받아 전력변환하여 전동기에 집어 넣는다.
- 이 전동기는 발전기 역할도 한다. 즉, 동력이 전기를 만들어 낸다. 전기를 가압하면 전동기가 회전하게 된다.

－그러다 전기를 끊어주면 타력에 의해 모터는 계속 돌아간다.

－그 모터 돌아가는 동력이 전기를 발생시키게 된다.

－여기서 돌아가는 회전력을 감소시키는 방향으로 역기전력이 발생된다.

－이것을 전기 제동이라고 한다.

－이러한 전기제동 중에 하나가 발전제동이다.

[발전제동]

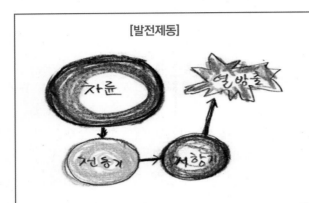

- 운행 중 빠르게 회전하는 전동기를 전기의 역할로 바꿔주어 운동에너지를 열에너지로 전환시킨다.
- 고속에서 제동력이 우수하여 디젤, 전기 기관차에서 채택한다.
- 다만 회전력이 떨어지는 저속의 경우 제동효과가 저하된다.

[회생제동]

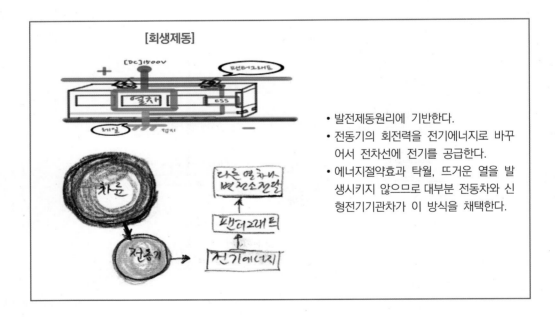

- 발전제동원리에 기반한다.
- 전동기의 회전력을 전기에너지로 바꾸어서 전차선에 전기를 공급한다.
- 에너지절약효과 탁월, 뜨거운 열을 발생시키지 않으므로 대부분 전동차와 신형전기기관차가 이 방식을 채택한다.

[운전실]

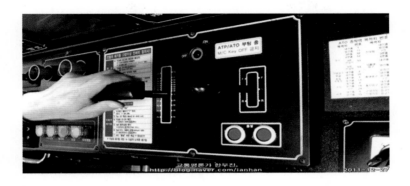

인천도시철도 2호선

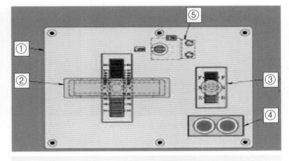

① 상면 프레임   ② 역행/제동제어 핸들
③ 전진/후진 핸들   ④ 출발버튼스위치
⑤ 키장치

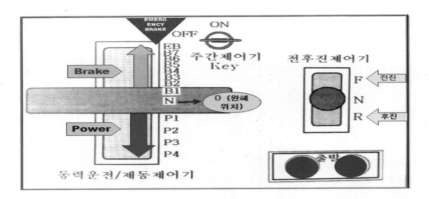

TGIS

Train General Information System

TCMS

Train Control & Monitoring System

제2장

운전일반

운전일반 · 열차운행 종류 · 기관사업무 특징

1. 운전일반

1) 열차운전

궤도 위에 운반구의 이동을 통해 운송서비스를 생산하는 행위

2) 철도운전의 3요소

    (1) 궤도(선로)

    (2) 운반구(차량)

    (3) 운전자(기관사)

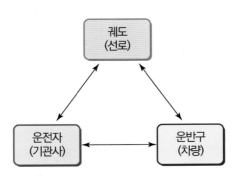

열차운행: 철도운전의 3요소와 선로, 차량, 신호, 전기, 시설, 통신, 관제, 영업 등 각 분야들의 다양한 시스템이 상호 복잡하고 긴밀하게 연결되어 이루어진다.

예제 철도 운전의 3요소 중 관계가 가장 적은 것은?

가. 운전자   나. 철도차량

다. 선로   **라. 승객**

해설 철도운전의 3요소는 궤도(선로), 운반구(차량), 운전자(기관사)이다. 따라서 승객은 철도운전 3요소에 포함되지 않는다.

2. 열차운행의 종류

1) 정상운행

- 정시운행
- 고품질 서비스 제공

2) 고장운행

- 열차를 구성하고 있는 각종 기기 중에 일부가 이상을 일으킨 상태에서 운행되는 상황임
- 이 경우 기관사는 다른 열차에 지장을 초래하지 않도록 조치해야 하는 것이 주요 임무임.
- 기관사는 응급조치 후 회복운전을 해야 함.

3) 비상운행

열차기기의 주요고장이나 열차 외부변수로 인해 승객안전이 위협받는 상황에서는 기관사가 승객안전을 최우선으로 하여 비상 운행하여야 함.

예제 다음 중 기관사가 다른 열차에 지장을 초래하지 않는 범위 내에서 기본응급조치를 취하고 회복운전 등에 관심을 두어야 하는 운행상태로 맞는 것은?

가. 비상운행   나. 고장운행

다. 정상운행   라. 응급운행

해설 고장운행에 대한 설명이다.

예제 다음 중 도시철도시스템 일반에서 정한 열차운행 종류에 해당하지 않는 것은?

가. 비상운행　　　　　　　　　　　　　나. 고장운행

다. **합병운행**　　　　　　　　　　　　　라. 정상운행

해설 열차운행 종류: 정상운행, 비상운행, 고장운행

예제 다음 중 열차기기의 중요고장이나 열차외부의 변수로 인하여 승객안전이 위협받는 상황에서 열차를 운행하는 경우에 해당하는 열차운행 종류로 맞는 것은?

가. 장애운행　　　　　　　　　　　　　나. 고장운행

다. **비상운행**　　　　　　　　　　　　　라. 정상운행

해설 비상운행: 열차기기의 중요고장이나 열차외부의 변수로 인하여 승객안전이 위협받는 상황에서의 열차운행방식이다.

예제 운전의 종류에 대한 다음 설명 중 틀린 것은?

가. **퇴행운전을 뒤로 밀기운전이라고 한다.**

나. 추진운전은 열차 또는 차량을 맨 앞쪽 이외의 운전실에서 운전하는 경우를 말한다.

다. ATC운전은 차내신호폐색식에 따라 운전하는 방식이다.

라. 주의운전이란 특수한 사유로 인하여 특별한 주의력을 가지고 운전하는 경우를 말한다.

해설 추진운전은 밀기운전이라고도 하며 퇴행운전은 되돌이 운전이라고도 한다.

3. 기관사의 정체성(Identity: 무엇을 하는 전문가인가?)

(1) 열차운전 책임자(책임져야 할 승객이 많다)

(2) 위험 관리자(다양한 위험이 발생될 수 있으므로(Risk관리자))

(3) 운송서비스 직접 생산자

[운송서비스 생산경로]

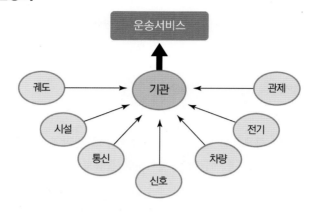

예제 다음 중 기관사의 정체성에 관한 설명으로 틀린 것은?

가. 운송서비스 직접생산자   나. 위험관리자
다. 열차운전 책임자   **라. 열차운행 지원자**

해설 해설 기관사의 정체성: 열차운전책임자, 위험관리자, 운송서비스 직접생산자

4. 기관사의 업무특징

(1) 단위시간당 업무긴장도가 높다.
(2) 기관사 1인당 운송승객수가 높다.
(3) 철도시스템 각 분야에 대한 종합적인 지식이 요구된다.
(4) 신체적 요구 수준이 높다.
(5) 적성 요구조건이 높다.

예제 다음 중 기관사 업무특징에 관한 설명으로 틀린 것은?

가. 철도시스템에 대한 종합적인 지식이 요구된다.
나. 기관사 1인당 운송 승객수가 많다.
다. 단위시간당 위험도가 높다.
라. 신체적 요구수준이 높다.

해설 단위시간당 업무긴장도가 높다.

5. 도시철도의 특징과 역할

    (1) 대량수송이 가능하다.(공간점유 대비 수송인원이 가장 높다).

    (2) 공해유발이 적다(전기에너지를 공급받아 운행하므로 공해가 적다).

    (3) 지하구간을 주로 이용한다.

    (4) 출퇴근 시간에 혼잡도가 높다.

    (5) 비교적 단거리 구간을 이용한다(정류장 거리가 짧고, 이동거리도 짧다).

    (6) 고가속, 고감속 운전이 가능하다(동력이 분산되어 있어서 편성전체로 볼 때 견인력과 제동성이 우수하여 고가속 및 고감속이 가능하다).

    (7) 고밀도 운전이 가능하다(고가속 및 고감속이 가능하여 정차횟수가 많은 단거리 구간에서 평균속도를 높일 수 있고, 열차횟수를 증가시켜 고밀도 운행이 가능하다).

    (8) 운전사고 및 장애발생 시 사고복구가 어렵다.

제2절 **전기동차 승무원교육**

1. 교육의 방법과 종류

1) 교육의 방법

    – 교육의 방법은 강의식과 시청각 교육, 토론회, 사례발표연구회 및 기준작업훈련, 실제 승무훈련, 시뮬레이터 훈련, 사이버 교육 등의 방법으로 시행(기관사로 활동하는 동안 계속 교육을 이수해야 한다).

    – 안전교육을 실시하지 않은 철도운영자는 1천 만원 이하의 과태료 처분

2) 교육의 종류

(1) 안전교육

    매 분기 6시간 이상(월 1회 2시간)

(2) 승무지도교육

지도운영과장의 월간 승무지도계획에 의거 시행

(3) 지적확인 환호응답 교육(평가) (2165호 정지! → 정지!)

(4) 지도분담교육

지도단위로 실시하는 개인별 교육으로 중점관리 대상자 집중교육 시행

(5) 양성교육

신규 및 전입자 발생 시 시행

예제 다음 중 전기동차의 승무원 교육의 종류에 해당하지 않는 것은?

가. 게시교육   나. 상황실교육
다. 안전교육   **라. 시청각교육**

해설 전기동차의 승무원 교육: (1) 안전교육, (2) 면접교육, (3) 상황실 교육, (4) 승무지도교육, (5) 게시교육, (6) 계절별교육, (7) 지적확인환호응답 교육, (8) 지도분담교육, (9) 양성교육

예제 다음 중 전기동차 승무원의 교육에 관한 설명 중 틀린 것은?

가. 지도분담 교육은 지도단위로 실시하는 개별교육이다.
나. 면접교육은 신규자 및 전입자 발생 시 시행한다.
다. 승무원에 대한 안전교육은 월 1회 2시간 범위 내에서 매분기 6시간 이상 해야 한다.
라. 게시교육은 전 승무원의 기간 내에 교육성과가 확인되어야 한다.

해설 면접교육은 사유 발생 시 시행한다.

2. 신규자 · 전입자 양성교육 및 신규차량 적응교육

1) 신규자 양성교육

① 일반인: 이론 5일, 실기 400시간 이상 또는 6,000km 이상 실무수습교육
② 경력자: 이론 5일, 실기 200시간 이상 또는 4,000km 이상 실무수습교육

2) 전입자 양성교육

이론 8시간 이상, 실기 60시간 이상 또는 2,000km 이상의 실무수습교육

3) 신규차량적응 교육

① 이론 4시간 이상, 30시간 이상 또는 1,000km 이상의 실무수습교육
② 실무수습교육기간은 이론교육시간, 준비점검시간 및 차량점검시간과 실제 운전시간을 모두 포함

3. 승무지도교육

(1) 습성에 의한 불안전한 운전 요인 교정
  (기관사는 혼자 운전실에서 독립적으로 근무하기 때문에 혹시 잘못된 운전습관이 있더라도 알지 못한다. 메니저들이 이런 불안전한 습성을 찾아서 교정해 준다.)
(2) 운전 기능 유지 향상을 위한 반복 지도
(3) 양성을 위한 실무지도훈련
(4) 졸음 및 운전 사고 예방활동

| 단전·급전 시스템 제대로 알았더라면 | 모니터 감시만 제대로 했어도 | 소방안전대책 규범만 지켰어도 | 화재발생경보에 제대로 대처했어도 | 무정차 통과나 급정차만 시켰어도 |

급전 시스템도 몰랐다=전동차를 운전하는 기관사와 차량통제업무를 맡고 있는 운전사령이전동차 전기시스템조차 제대로 알지 못했던 것으로 확인됐다.

중앙일보 조인스

예제 다음 중 안전교육을 실시하지 아니한 철도운영자가 받는 벌칙으로 맞는 것은?

가. 2년 이하의 징역 또는 2천만원 이하의 과태료

나. 1천만원 이하의 과태료

다. 1년 이하의 징역 또는 1천만원 이하의 과태료

라. 500만원 이하의 과태료

해설 안전교육을 실시하지 아니한 철도운영자는 1천만원 이하의 과태료 처분을 받는다.

제3절 전기동차 승무사업 준비

[전동차 승무원 사업절차]

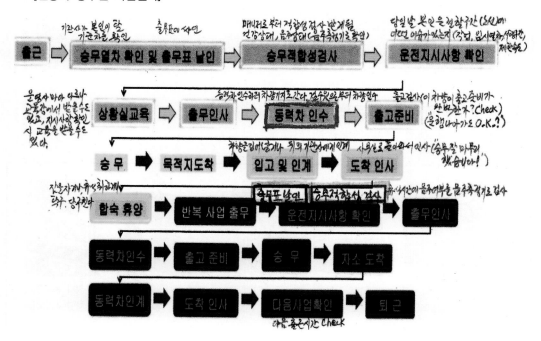

서울기관차승무지부휴게실

예제 다음 중 전기동차 승무사업 준비에 해당하지 않는 것은?

가. 상황실 교육

나. 전동차 운전상황표 인수

다. 적합성 검사

라. 지시전달사항 기록

해설 전기동차 승무사업 준비 전동차 운전상황표는 동력차 인수할 때 받는다.

제4절 동력차 인수 인계

1. 동력차 인수

[차량기지에서]

(1) 동력차는 담당사업구간을 운전할 수 있는 상태 (고장이 없는 최적의 상태로서)로 인수받아야 한다.

(2) 승무원은 당해 사업에 충당되는 동력차를 출고할 경우(차량기지에서 차량을 출고 시켜서 본선 영업운전을 실시하기 위한 과정) 다음에 의거 차량사업소장이 지정한 담당자에게 인수받아야 한다.

① 동력표운전상황표및 비품 인수

② 동력차 이력부의 동력차 상태 및 습성 확인(이 차량이 과거에는 어떤 고장이 발 생되었고, 최근의 상태는 어떠한지, 최근에는 어떤 시스템으로 변경되었는지? "아!! 이 차량은 여기가 약하구나! 이쪽에 신경을 써야지")

[역에서] (역으로 내려가서 차량을 인수받는다)

(3) 승계사업의 경우에는 도착하는 승무원과 동력차 인수인계를 해야 한다.

(4) 정거장에 유치한 동력차를 인수받아야 할 경우에는 역장 또는 차량사업소장이 지정한 직원에게 인수받아야 한다.

2. 동력차 인수 인계

승무원은 전기자동차 인수인계 시

[인수인계비품]
Key(주간제어기, 배전반, 운전용품함), 제동제어기핸들

예제 다음 중 전기동차 승무원의 동력차 인수인계 시 인수사항이 아닌 것은?

가. 제동제어기 핸들　　　　　　　　　나. 동력차 운전상황표
다. 주간제어기　　　　　　　　　　　　라. 공구함

해설 [전기동차 승무원의 동력차 인수인계 시 인수사항]
(1) 동력차 운전 상황 및 비품
(2) Key(주간제어기, 배전반, 운전용품함)
(3) 제동제어기 핸들

예제 다음 중 전기동차 사업종료 시 당무 당부 지도운영과장에게 보고내용이 아닌 것은?

가. 동력차 운전상황표 기록　　　　　　나. 운전사고 및 장애
다. 열차운전 개황　　　　　　　　　　라. 기타 이례적 사항

해설 [사업종료시 보고내용]
– 열차운전개황
– 승무일지 제출
– 운전사고 및 장애
– 기타 이례적 사항

예제 다음 중 승무일지에 기록하여야 하는 지시전달사항이 아닌 것은?

가. 상례적인 운전명령　　　　　　　　나. 서행구간 제한속도
다. 선로차단공사 관계　　　　　　　　라. 임시열차운전

해설 승무일지에는 이례적 운전명령 사항을 기록하여야 한다.

예제 다음 중 전동차 고장의 특징이 아닌 것은?

가. 재현성이 없는 경우가 많다.　　　　　나. 원인이 복잡하고 규명이 어렵다.
다. 마모고장에서 우발고장으로 변화가 많다.　**라. 동일 위치 반복고장이 많다.**

해설 우발고장이 많으며 반복고장은 드물다.

제3장

운전취급

제1절 **전동차 추진원리와 운전실**

[직류교류전동차의 주요구성장치]

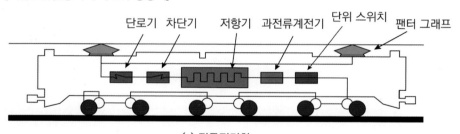

(a) 직류전기차

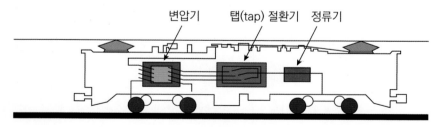

(b) 교류전기차

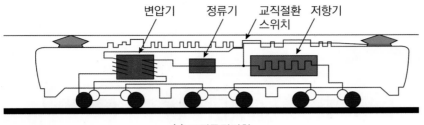

변압기　정류기　교직절환　저항기
　　　　　　　　스위치

(c) 교직류전기차

1. 전동차 주진원리

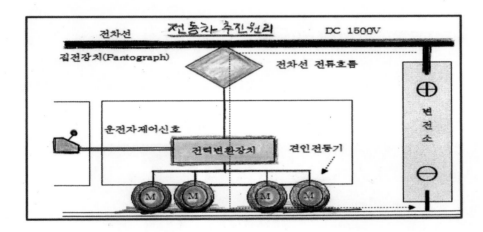

2. 과천선과 4호선 전동차의 열차별 장치 구성도

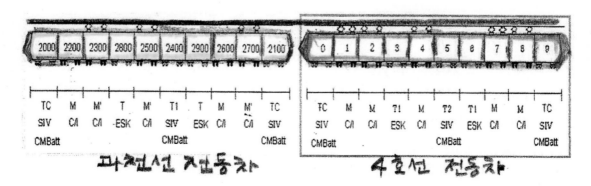

3. 전기동차 운전실

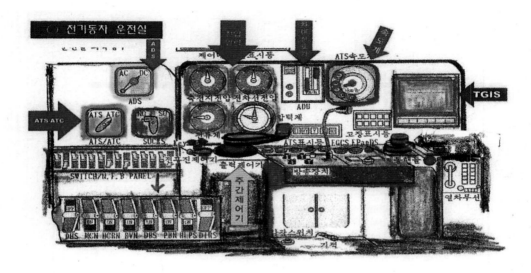

[주간제어기(마스콘(Master Controller))와 전후진 제어기]

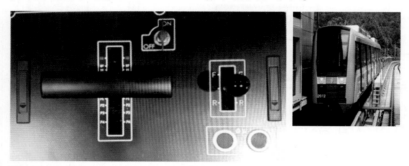

전동차의 기동과정

1. 전동차 기동과정

[전동차의 기동 과정]

1) 최초에 기관사가 제동 핸들을 꽂으면 배터리전압을 통해 103선이 가압된다.

2) ACMCS스위치를 누르면 M차에 있는 ACM이라는 보조공기압축기가 작동(녹색등이 깜박이다 멈춤)

3) 이때 PanUS를 누르면 Pan상승하여 전차선 전원을 받을 수 있게 된다.

4) MCB(주차단기) 투입되면 전원이 내려와서 MT(주변압기)쪽으로 들어간다.

5) MT에서는 주변환기(C/I), 그리고 SIV를 동작시킨다.

6) SIV가 전류를 받으면 BAT을 계속적으로 충전시키고, CM공기압축기가 동작

7) SIV가 작동되면 난방, 냉방장치가 동작

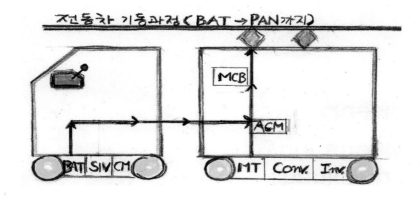

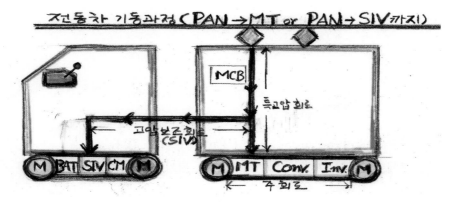

2. 기관사들이 전동차 운행 전 확인 사항

1) 제동핸들 투입, 비상위치

- 키를 인수인계 받는다.
- 제동핸들을 받아서 제동핸들을 비상위치에 둔다(꽂는다).
- 차량 배터리가 동작한다.

－103선이라는 저압의 직류모선이 인가(전원연결)된다.

　　　－직류모선이 제대로 연결되었는지 확인한다.

2) 축전지 전압계 74V 이상 확인 (74V 이상이 올라오는지 확인)

3) ATS/ATC 절환스위치, ADS(AC, AD구간)인지 정위치확인(교류 또는 직류)

　　　－ATS/ATC절환스위치 작동해서 확인

　　　－ADS 정 위치 확인(ADS: AC구간이면 AC위치, DC구간이면 DC위치)

제3절　출고준비

1. 전동차 기동 요령

(1) 제동핸들 투입 후 비상제동위치

(2) 축전지 전압계 74V 이상 확인

(3) ATS/ATC 절환스위치, ADS 정 위치확인(교류 또는 직류)

(4) ACMCS 스위치 취급

(5) ACMLp(Lamp) 소등 시 PanUS취급

　　－"ACM에서 충분히 공기를 만들었어요!"라고 ACMLp가 소등이 된다. 그러면 Pan을 올려도 된다는 것이다.

　　－그러면 기관사가 PanUS취급하여 Pan을 올리게 된다.

　　－M'차에 있는 Pan가 상승하면서 비로소 전차선의 전기를 받을 준비가 된다.

(6) AC 또는DC등 점등 확인

(7) MCBCS취급

　　－MCB(Main Circuit Breaker: 주회로차단기)의 스위치(MCBCS: MCB Close Switch: 주회로차단기 투입스위치)취급

　　－MCB스위치를 접촉시키면 전기가 전동차 내부로 들어와 MT를 거쳐 주변환장치(컨버터와 인버터)로 간다.

　　－아울러 전기가 주변압기를 거쳐 보조전원장치SIV(Static Inverter)로 들어간다.

　　－SIV에 전기가 들어가게 되면 주공기압축기(CM)를 움직이게 된다.

－이때 기관사가 역행을 취급하면 열차에 동력이 전달되어 전동차가 움직이게 된다.

2. 전동차 기능시험

1) 역행(Powering)시험

(모터에 전기를 집어 넣어 동력을 발생시킨다. 전동차 기동 후)

(1) 전후진 제어기 전(후)진 위치, 제동제어기 제동위치상태에서 역행제어기 1단만 살짝 취급해 보면 모터에 전기가 들어가는지 알 수 있다.

(2) POWER 점등("모터에 전기가 들어가고 있구나")하고 기관사가 알 수 있는 상태가 된다.

(3) 전류계 확인 후(하자마자) 역행제어기를 1단에서 "0"위치로 옮겨 둔다.

2) 제동시험

(1) 제동제어기 비상제동위치에 두었다가 7,6,5,4,3,2,1 '완해위치'취급

(2) '완해위치'에서 1,2,3,4,5,6,7 비상제동 위치 취급

(3) 제동제어기 취급 시 제동통압력계 게이지, 즉 공기통압력계와 모니터(TGIS), 제동
    통 압력 확인(양쪽에서 확인)

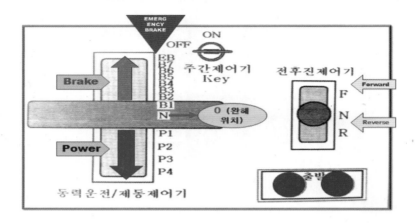

예제 다음 중 출고 준비 시 전기동차 기관사가 시행하는 기능시험 항목에 해당하지 않는 것은?

가. 제동시험

나. 회로차단기 성능시험

다. 역행시험

라. 운전실 무전기 성능시험

해설 **출고 준비 시 기능시험**

역행시험, 제동시험, 운전실 무전기, 감청수신기 성능확인, 각종 계기등, 전조등, 객실형광등, 행선등 시험 확인

예제 다음 중 전동차의 구조상 특징에 관한 설명으로 틀린 것은?

가. 제어 및 감시를 컴퓨터로 행한다.

나 .각 부분이 유닛화 되어있다.

다. 주요부품이 개방되어 수리가 간편하다.

라. 기계적 마모부분이 적다.

해설 주요부품은 밀봉이 되어 있다.

제4절 구내운전

1. 구내운전

- 구내운전주의사항: "잘 해야 한다"
- 본선운전은 ATC, ATO등 신호설비가 잘 되어 있어서 열차가 어느 정도 방호가 되나
- 구내에서는 본인이 모든 운전을 수행해야 한다. 차량기지가 넓고 선로전환기도 많으며 각종 장비의 기술수준이 낮다.

  (1) 구내 운전구간의 동일구간에는 구내운전방식에 의하여 2편성 이상의 차량을 동시에 운전할 수 없다.

  (2) 구내운전을 하는 경우의 운전위치는 맨 앞 운전실로 한다. 다만 맨 앞 운전실이 없거나 고장인 경우에는 예외로 한다.

  (3) 기관사는 구내운전을 하는 차량을 퇴행시켜서는안 된다(선로전환기가 너무 많기 때문에 위험하다). 퇴행의 필요가 발생하였을 때는 퇴행운전을 개시하기 전에 관계직원과 협의하여야 한다.

  (4) 구내운전을 하는 열차와 차량에 대하여는 관통제동취급을 하는 것을 원칙으로 한다(편성이 붙어 있기 때문에 전 차량에 제동취급을 똑같이 해준다. 1개의 차량차륜 바퀴의 제동에 문제가 생겼을 때는 비상제동이 걸리게 된다).

  (5) 구내운전을 하는 구간의 운전속도는 차량입환속도(시속25km/h 이하)에 준한다.

예제 **다음 중 구내운전에 관한 설명 중 틀린 것은?**

가. 구내운전 구간의 끝 지점은 입환시신호기 또는 차량정지표지로서 표시하여야 한다.

나. 구내운전구간의 동일구간의 동일구간에는 구내 운전방식에 의해 2편성 이상의 차량을 동시에 운전할 수 없다.

다. 구내운전을 하는 구간의 운전속도는 차량구내운전속도에 준한다.

라. 구내운전을 하는 열차 및 차량에 대하여는 관통제동취급을 하는 것을 원칙으로 한다.

해설 구내운전을 하는 구간의 운전속도는 차량입환속도에 준한다.

1. 운전취급

1) 역행제어기 취급법

(역행제어기는 출력노치(Notch) 즉, 가속하는 장치)

(1) 제동제어 핸들 완해위치(제어력이 없는 위치)를 취함과 동시 역행제어 핸들(1단부 터 4단까지(P1 – P4) 있다) 4단을 투입해야 한다.

－상구배에서 정차 후 출발 시 제동 4스텝 이내 위치에서(제동이 들어간 상태에서) 역행취급(제동이 안 들어간 상태에서 역행취급하면 뒤로 미끄러질 수 있기 때문 에) 해야 한다.

(2) 충격이 올 경우: 이상과 같은 취급 시(한꺼번에 4단을 갑자기 취급하다 보면 모터 에 너무 강한 전기가 들어 올 수도 있다.” 회전력이 너무 강하다!”) 충격이 올 경 우 제동제어 핸들 위치를 적당한 위치로 조절하여 완해 취급 및 역행 4단 투입시 기를 변화시켜 본다.

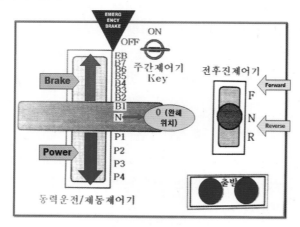

(3) 정차제동이 장착된 차량: 4호선 VVVF 전동차 등은 제동제어핸들 완해위치를 취함 과 동시에 역행제어 핸들을 1단에 두고 Power 등이 점등(전류계 현시: “모터에 전 기가 들어갔다”)되는 것을 확인한 후 4단으로 동시 투입하는 것을 원칙으로 하고, 필요에 따라 단계적으로 조정할 수 있다.

(4) 타행 중 재차 역행 시: (얼마 후에 속도가 감소되었을 경우, 브레이크도 밟지 않은

상태에서 역행제어기는 "0"단) 재차 역행 시는 4단 투입
- 도시철도에서는 역과 역 사이 간격이 좁아 한꺼번에 급가속, 급감속을 실시해야 한다. 즉 급가속, 급감속을 적절히 이용해야 효율적인 운전 방식이라고 할 수 있다.

[용어설명]

- 타행: 가속하지 않고 그냥 가는 것. 관성의 힘(타력)으로 운행한다. 철로와 철바퀴 간의 마찰력이 작으므로 속도가 쉽게 줄지 않는다.
- 60km/h로 당겼다가 역행제어기를 "0"으로 설정 → 그 속도가 한참 동안 그대로 유지 → 에너지 효율을 극대화시킬 수 있다.

[역행-타행-제동운전 시 속도와 거리]

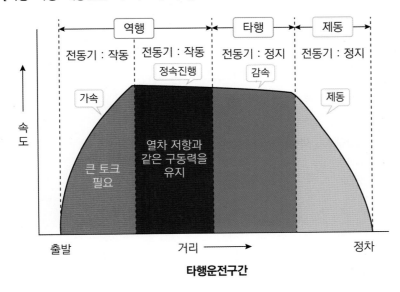

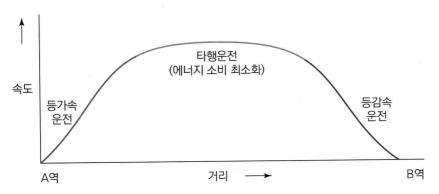

(5) 공전 시 역행제어기 취급(레일 바닥의 기름 등으로 공전이 발생하면 서서히 속도를 높인다. 눈 속에서 악셀 밟으면 바퀴가 헛도는 현상과 같다)

　가. 역행제어기OFF

　나. 제동제어기핸들 완해상태에서 역행제어핸들을 순차적으로 투입

① 제동변 완화위치에서 주간제어기(역행제어기)	1단투입
② 약10km/h 속도에서 주간제어기(역행제어기)	2단 투입
③ 2단 투입 후 약30km/h 속도에서 주간제어기	(역행제어기)3단 투입
④ 3단 투입 후 약 50km/h 속도에서 주간제어기	(역행제어기)4단 투입

예제 다음 중 전기동차 역행제어기 취급에 관한 설명 중 틀린 것은?

가. 공전발생 시 역행제어 OFF

나. 타행 중 재차 역행시 4단 투입

다. 제동제어기를 완해위치를 취함과 동시에 역행제어기 4단 투입

라. 공전발생 시 역행제어기 OFF 후 역행제어기를 4단 투입

해설 제동제어기 핸들 완해상태에서 역행제어 핸들을 순차적으로 투입한다.

2) 제동취급법

(1) 제동기능 확인

- 운전실 교환 및 승무교대 후 다른 승무원으로부터 열차를 받았다. 이 차의 제동성능을 모르므로 첫 구간에서 제동시험하기 위해 제동을 걸어 속도를 줄여본다. "아 이 차는 제동력이 좀 부족하구나!" "앞으로 정거장에 정차할 때에는 한 스텝을 더 강하게 써야 해!"

- 첫 구간 45km/h 이내에서 제동감도(2스텝 또는 3스텝 정도를 잡아서)시험을 하여야 한다.("아! 이 차는 제동력이너무 강하다"하면 제동을 4단을 쓸 것을 3단으로 제동취급할 수도 있다)

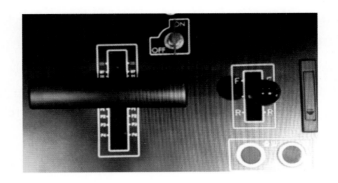

예제 다음 중 전기동차 운전실 교환 및 승무교대 후 제동감도 시험은 몇 km/h에서 시행하는가?

가. 50km/h

나. 40km/h

다. 45km/h

라. 55km/h

해설 운전실 교환 및 승무교대 후 첫 구간 45km/h 속도 이내에서 제동감도 시험을 시행한다.

(2) 정차 시 제동취급

① 정차 직전 상용제동 핸들 각도는 1스텝을 원칙으로 한다.(1스텝: 가장 약한 제동을 써서 세운다. 만약 제동을 강하게 하면 승객이 앞으로 넘어지거나 쓰러진다.)

② 상용제동핸들의 조작은 최초 2스텝으로 한다.
- "저기 역사가 보여! 저 역에 정차 해야 돼!
- 우선 초기 제동(2스텝 정도)으로 먼저 감속해 보자!" 역사가 가까워지면 4스텝 정도로 좀 더 강하게 써서 정차지점까지 그대로 끌고 간다.
- 만약 5단 제동으로 역사에 들어 왔다고 하면 4, 3, 2, 그리고 맨 마지막 정차하기 직전에 1단 제동취급으로 정지 단계에 이른다.
- 기능 실습 시 제동해보면 어렵다는 것을 느끼게 된다. 이 걸 잘하면 승객들의 승차감은 매우 좋아진다.
- 추가 제동 시 4스텝 이내를 원칙으로 하고 더욱 큰 감속도를 필요로 할 때에는 7스텝 이내로 한다.

① 상용제동 취급 시 핸들의 조작은 순차적으로 부드럽게 취급한다.

② 정차제동 체결 시 속도의 변화에 따라 제동제어기를 적절히 조절하여(단계 완해) 정차 시 충격이 발생하지 않도록 하여야 한다(정차직전 1스텝).

③ 약한 제동을 장시간 연속하여 체결하지 말 것.(도시철도에서는 급가속, 급감속을 잘해야 에너지 효율적인데, 약한 제동은 에너지 낭비요소가 된다.)

④ ATC구간에서 지시 속도 초과로 경고음 동작 시
  －제동제어기를 1스텝 이상 취하고 지시속도 이하에서 완해위치로 이동

⑤ 상용제동이 작동하지 않을 때 및 긴급히 열차를 정지시킬 필요가 있을 때 비상제동을 사용한다.

⑥ 상용 및 비상제동의 효과가 없을 때 보안제동을 취급한다.

3) 제동취급 일반사항

(1) 차막이 또는 유치차량을 향하여 운전시

차막이 또는 유치차량을 향하여 운전시에는 저속으로 주의 운전을 하며, 충분한 여유 거리를 확보환 상태에서 제동을 가볍게 체결하여 정차한다.

(2) ATS구간 속도 초과로 경고령 동작 시

－제동제어기 4스텝 이상 취하고 제한속도 이하에서 완해위치로 이동(신호등이 Y(주의)인데도 불구하고 기관사가 45km/h이상(도시철도)으로 주행하면

－"경고음 따르릉 울린다 " 기관사는 즉시 제동제어 4스텝으로 → 완해위치

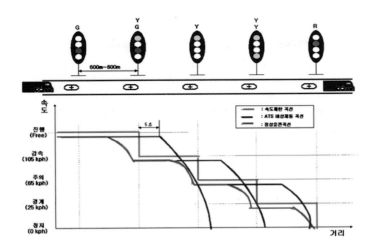

(3) ATS 동작으로 비상제동 동작 시

ATS 동작으로 비상제동 동작 시는 즉시 제동변핸들을 정차할 때까지 비상제동 위치
(그래야만 나중에 비상제동이 완해된다)에 놓는다.

(4) 운전 중 속도제한 장소에서 속도 감속 시

운전 중 속도제한 장소(구배, 곡선, 선로전환기 등)에 따른 속도 감속 시 미리 감속하
여 지장개소 통과 시 열차에 충격이 발생하지 않도록 해야 한다.

(5) 폭설 및 강우로 레일 면이 습한 상태 시

폭설 및 강우로 레일 면이 습한 상태에서 제동취급 시는 마찰계수 저하로 인한 제동거
리 증가가 우려되니 여유있는 제동거리를 확보한다. 저속에서 과대제동체결을 억제하
여 차륜찰상과 활주(Skid)를 방지한다.

[마찰계수]

- 철도차량이 주행하기 위해서는 차륜과 레일 간에 생기는 마찰력, 즉 점착력이 필요하다.
- 차륜에 작용하는 견인력이 마찰력(점착력)보다 크게 되면 동륜은 공전을 하게 되고,제동력이 점착
  력보다 크게 되면 차륜은 레일 위를 미끄러져 마찰계수는 급격히 감소하여 차륜은 활주(Skid)하여
  제동거리가 길어진다.

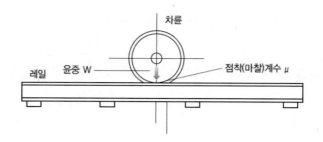

2. 열차운행 중 주의사항

1) 동력차 운전 중 항상 계기등을 확인하여 이상 조기 발견으로 사고 미연방지에 노력하여야 한다.

2) 정거장 간에 열차후부 확인이 용이한 장소에서 후부를 확인하여 차량의 이상유무를 확인하여야 한다. 다만 기관사 1인 승무열차인 경우에는 후부확인을 생략할 수 있다.

3) 정거장을 진출할 때에는 관계선로전철기(분기기 또는 선로전환기)의 상태 및 출발신호기 의 신호현시상태를 계속 주시하여야 한다.

4) 정거장에 접근할 때에는 지적확인환호응답 요령(진로계통양호, 출발신호 양호, 출발, 진행)에 따라 정차역 또는 통과역 유무를 확인하고 상치신호기의 현시상태를 주시하여야 한다.

제2부

차량 및 주요기기

제1장

전기동차 일반

전기동차 일반에서는 어떤 것을 배우나?

- 전동차가 어떤 종류가 있고
- 전동차가 어떤 특징을 지니고 있으며
- 전동차가 어떻게 발전되어 왔는지에
- '전동차 구조 및 기능'에서는 차량에 대해 보다 깊게 살펴보므로
- '도시철도시스템'에서는 차량을 개괄적인 수준에서 고찰할 것이다.

제1절   전기동차란?

[철도차량의 동력별 기능별 분류]

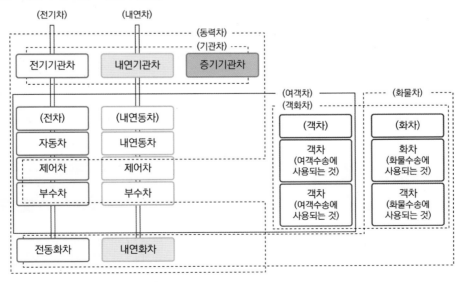

− 전기동차는 궤도로부터 일정한 높이에 전차선을 가설하여 변전소로부터 공급되는 전압을 전차선을 통해 공급받아 동력을 발생시키는 전동기를 구동하는 차량
− 동력을 발생시키는 전동기가 분산되어 있는 동차를 말하며, 일정한 편성으로 구성되어 운행

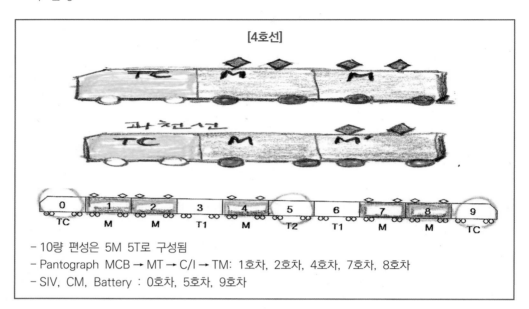

[4호선]

− 10량 편성은 5M 5T로 구성됨
− Pantograph MCB → MT → C/I → TM: 1호차, 2호차, 4호차, 7호차, 8호차
− SIV, CM, Battery : 0호차, 5호차, 9호차

예제 다음 중 승객수송만을 목적으로 만들어진 차량은?

가. 구동차　　　　　　　　　　　　나. 제어차
다. 차장차　　　　　　　　　　　　**라. 부수차**

해설 승객수송만을 목적으로 만들어진 차량은 부수차(T차)이다.

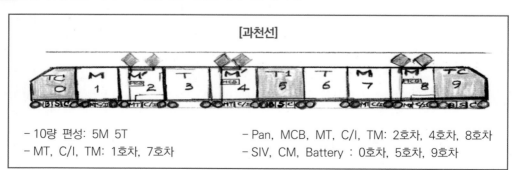

[과천선]

− 10량 편성: 5M 5T
− MT, C/I, TM: 1호차, 7호차
− Pan, MCB, MT, C/I, TM: 2호차, 4호차, 8호차
− SIV, CM, Battery : 0호차, 5호차, 9호차

[전차선에서 공급되는 전류에따른 전동차 구분]

① 교류25KV 구간과 직류1,500V 구간을 운행할 수 있는 교직류전동차(ADV)

② 직류구간만 운영할 수 있는 직류전동차(DCV)

[학습코너]

- 교류와 직류

P: 일정(차전에서 받는 전압일정)
P=V·I (P:전력, V:전압 I:전류)
P=V↑·I↓(교류)
P=V↓·I↑(직류)

직류방식과 교류방식 비교(차량설비)

구 분		교 류 (25kV)	직 류 (1,500V)	
지상설비	전철설비	변전소	*교류: 직류에 비해 변전소 간격을 길게 가능* 변전소간격이 30-50km정도 변압기만 설치하면 되므로 지상설비 저가	변전소간격이 5-20km, 변압기와 정류기*(V:전압↓낮은전압으로 정류기 설치 때문)* 가 필요하여 지상설비 고가	*변전소 많이 설치해 주어야 한다.*
		전차선로 *(전류와 관련)*	*P=V↑·I↓에서 저전류* 고전압 저전류로 전선을 가늘게 할 수 있고 전선 지지구조물 경량	저전압 고전류로 전선이 굵어지고 전선 지지 구조물 중량	
		전압강하	*(V↑)으로 전압강하 어디에서진행* 저전류로 전압강하가 적어서 직렬콘덴서로 간단히 보상	대전류로 전압강하가 커서 변전소, 급전소의 증설이 필요	*버스은 에너지를 계속 축적시켜 주어야 한다.*
		보호설비	운전전류가 작아 사고전류 판별 용이	운전전류大 사고전류 선택차단 어려움	*사고전류인지 아닌지선 대 채단 힘듬*
	부대설비	통신유도장애 *(전압관련)*	유도장애가 커서 BT 또는 AT방식 등 장애방지 유도대책이 필요(케이블화)	*전압↓낮아 유도장애 발생X* 특별한 대책 필요없음	*터널·지하구간은 직류를 함이 A 등하다.*
		터널과 구름다리의 높이	고압으로 절연이격거리가 커야 하므로 터널 단면 커짐	저전압으로 교류에 비해 터널단면, 구름다리 높이 축소가능	

P=V·I (P(Power:전압), V(Voltage:전압), I(Intensity:전류)

직류(DC)란?

- Direct current(직류)의 이니셜
- DC는 시간에 따라 흐르는 극성(방향)이 변하지 않는 전류

교류(AC)란?

- Alternating Current(교류)의 이니셜(Intial)
- AC는 시간에 따라 그 크기와 극성(방향)이 주기적으로 변하는 전류
- 1초 사이에 전류의 극성이 변하는 횟수를 주파수라고 하며, 단위는 Hz로 표시
- "0"점에서 전류를 차단

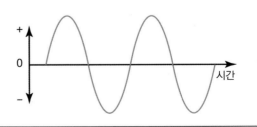

예제 다음 중 교류방식의 특징이 아닌 것은?

가. 전류가 커서 전류용량이 큰 전선을 사용한다.

나. 변압기를 통해 여러 전원 확보가 쉽다.

다. 직류방식에비해 차량가격이 비싸다.

라. 대전류로 전압강하가 커서 변전소, 급전소의 증설이 필요하다.

해설 직류방식이 대전류로 전압 강하가 커서 변전소, 급전소의 증설이 필요하다.
[P(전력) = V(전압) × I(전류)]

예제 다음 중 직류식전기철도의 사용전압이 아닌 것은?

가. 750V   나. 600V

다. 1,200V   라. 3,000V

해설 직류식 전압 종류: 600V, 750V, 1,500V, 3,000V

예제 다음 중 직류 전기철도에 관한 설명으로 틀린 것은?

가. 전류가 작아 전류용량이 작은 전선을 사용한다.

나. 전류가 커서 전류용량이큰 전선을 사용하여야 한다.

다. 전압이 낮아 전차선로나 기기의 절연이 쉽다.

라. 전압강하가 커서 변전소 설치간격이 짧다.

해설 직류방식이 대전류로 전류용량이 큰 전선을 사용하여야 한다.(P = V × I)

예제 다음 중 교류전원 방식의 장점에 해당하지 않는 것은?

가. 사고전류에 대한 보안도가 높다.   나. 고전압 송전이 가능하다.

다. 고주파에 의한 유도장애가 없다.   라. 간단히 승압 및 강압이 용이하다.

해설 교류전원방식의 단점으로는 고주파에 의한 유도장애가 발생한다는 점이다.

예제 전차선 귀선전류는 인접레일로 잘 흐르도록 하고 신호전류는 흐르지 않도록 하는 것은?

가. 레일 본드　　　　　　　　　　　나. 점퍼 본드

다. 임피던스 본드　　　　　　　　　　라. 신호 본드

해설 임피던스본드: 귀선선류는 인접레일로 잘 흐르도록 하고 신호전류는 흐르지 않게 한다.

예제 다음 중 교류전원방식의 단점에 대한 설명으로 틀린 것은?

가. 전차선의 단면적 110mm(제곱)를 사용한다.

나. 차량구조가 복잡하므로 차량의 제작비가 비싸다.

다. 고압으로 인해 인명피해의 위험이 있다.

라. 고주파에 의한 유도장애가 발생된다.

해설 전차선의 단면적이 직류구간은 110mm^2(제곱)를 사용하며 교류구간에서는 85mm^2(제곱)를 사용한다.

예제 다음은 교직류 전기동차의 특고압 기기들에 대한 설명이다. 옳지 않은 것은?

가. 팬터그래프는 전차선 전원을 전기동차로 수전하는 집전장치이다.

나. 주휴즈는 주변압기 1차측 회로에 이상전류가 들어올 경우 용손되어 주변압기를 보호한다.

다. 교류피뢰기는 교류 구간 운전 중 낙뢰 또는 써지 전압이 흘러들어올 경우 전차선 전원을 차단한다.

라. 과전류 보호용 변류기는 교류 모진 시 동작하여 피뢰기 과전류 계전기를 동작시킨다.

해설 직류피뢰기(DCArr)는 교류모진 시 동작하여 피뢰기 과전류계전기(ArrOCR)를 작동시킨다.

예제 전기 철도에서 사용하는 전원에는 교류와 직류가 있다. 다음 중 직류 방식과 비교할 때 교류 방식의 특징으로 옳지 않은 것은?

가. 변전소 간격은 길지만, 변압기와 정류기가 필요하여 지상설비비가 많이 든다.

나. 운전 전류가 작아서 사고 전류 판별이 용이하다.

다. 고전압으로 절연 이격 거리가 커야 하므로 터널 단면이 커진다.

라. 유도 장애가 커서 장애 방지 유도 대책이 필요하다.

해설 정류기는 직류 방식에서 필요하며, 교류 방식에는 필요 없어 지상설비비가 절감된다.

　　※ 정류기: 한전에서 지하철 변전소로 공급된 교류 22.9KV 전원은 정류기를 통해 직류 1,500V로 변
　　　환하여 전기동차에 급전된다.

제2절 ## 전기동차의 유형별 특징

[동력집중식과 동력분산식 전기동채]

동력집중식(우리나라의 디젤전기기관차, 전기기관차)

운전실

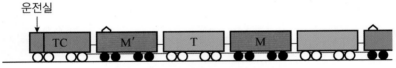

동력분산식1 (전차)의 차량표기방법

1차 : 동력 + 집전장치를 가진 차량　　　　　T차 : 동력이 없는 차량
2차 : 동력을 가진 차량　　　　　　　　　　TC차 : 운전실이 있고 동력은 없는 차량

동력분산식2 : 모든 차량이 동력을 가지고 있는 형식

1. 동력 분산

－전기동차는 여러 개의 차량을 한 개의 편성으로 구성하여 운행

－동력을 발생시키는 차량(M차: Motor Car)을 분산하여 연결해 놓음으로써 객실공간
　확보, 축당 중량배분이 가능

－고가속이 가능하고 운행 중 편성 차량에서 고장이 발생하여도 차량의 동력만으로도
　응급운전이 가능

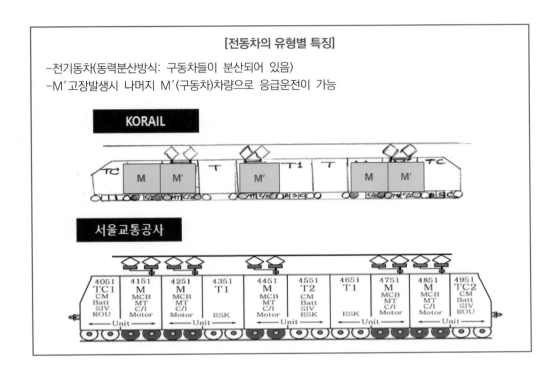

[전동차의 유형별 특징]

–전기동차(동력분산방식: 구동차들이 분산되어 있음)
–M′고장발생시 나머지 M′(구동차)차량으로 응급운전이 가능

예제 다음 중 전기동차의 특징에 관한 설명으로 틀린 것은?

가. 동력집중방식의 차량이다.　　　나. 총괄제어 운전을 한다.

다. 편성당 동력이 분산되어 있다.　　라. 장치가 유닛화되어 있다.

해설 동력이 분산되어 있다.

예제 다음 중 교직류전기동차의 특징이 아닌 것은?

가. 사고전류의 구분이 어려워 보안도가 낮다.

나. 기기의 절연도가 높아야 한다.

다. 직류구간 운행 중에는 교류구간에서 사용되는 기기들은 사용되지 않는다.

라. 차량제작비가 높다.

해설 사고전류의 구분이 쉬워 보안도가 높다.

2. 총괄제어운전

전기동차는 각각의 차량을 4량, 6량, 8량, 10량 등으로 조합하여 1개 편성으로 운용

예제 다음 중 전동차가 열차로서 기능을 갖는 최소 편성단위는?

가. 4량

나. 2량

다. 10량

라. 8량

해설 전동차가 열차로서의 기능을 갖는 최소편성 단위는 4량이다.

예제 다음 중 전기동차의 총괄제어 운전에 관한 설명으로 틀린 것은?

가. 여러 대의 차량을 1개 편성으로 구성하여 열차로 운행이 가능한 기능을 갖춘 최소 구성단위를 유닛이라 한다.

나. 차량이 운전에 필요한 제어는 전부 운전실에서 일괄적으로 제어할 수 있다.

다. 각각의 차량을 4량, 6량, 8량, 10량으로 조합하여 제어 운행한다.

라. 출입문, 조명등, 운전보조기능은 전부 운전실에서만 제어가 가능하다.

해설 모든 편성의 제어를 전부 운전실에서 일괄적으로 동시에 할 수 있는 기능을 가지고 있으며, 일부의 기기는 후부운전실에서만 제어가 가능하다.

예제 전기동차 주요성능 중 틀린 것은?

가. 표정속도-30km/h

나. 가속도-3.0km/h/s

다. 감속도(상용)-3.5km/h/s

라. 져크제어 한계-0.8m/s^3

해설 전기동차의 표정속도는 35k/h이다.

3. UNIT

여러 대의 차량을 1개 편성으로 구성하여 열차로 운행이 가능한 기능을 갖춘 최소 구성단위를 UNIT

[UNIT구성의 기본조건]
① 최초기동에 필요한 에너지원 → 축전지(Battery)
② 최초기동에 필요한 압력공기 → 보조 공기 압축기(ACM)
③ 객실등, 냉난방에 필요한 압력공기 → 보조 전원장치(SIV)
④ 열차운행에 필요한 외부전원 수전장치 → 집전장치(Pan)
⑤ 동력을 발생시키기 위한제반 장치 → 인버터(Inverter), 전동기(Motor)

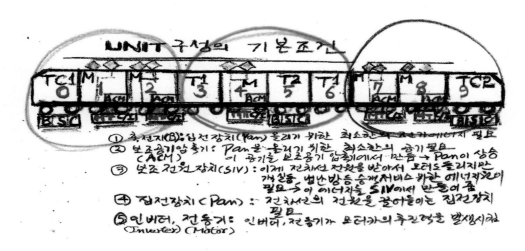

예제 다음 중 전기동차 UNIT 구성의 기본조건에 해당하지 않는 것은?

가. 객실등, 냉난방 등 승객서비스 전원
나. ATS
다. 집전장치
라. 동력을 발생시키기 위한 제반장치

해설 ATS는 신호보안장치로서 UNIT 구성과 무관하다.

예제 다음 중 여러 대의 차량을 1개 편성으로 구성하여 열차로 운행이 가능한 최소단위인 UNIT 구성의 기본조건에 관한 설명으로 틀린 것은?

가. 보조 공기압축기 – 최초 기동에 필요한 압력공기

나. 축전지 – 최초 기동에 필요한 에너지원

다. 집전장치 – 객실등, 냉난방 등 승객 서비스 전원

라. 인버터, 전동기 – 동력을 발생시키기 위한 제반 장치

해설 집전장치는 열차 운행에 필요한 외부전원 수전장치이다.

[UNIT구성의 기본조건]
① 최초기동에 필요한 에너지원 → 축전지
② 최초기동에 필요한 압력공기 → 보조 공기 압축기(ACM)
③ 객실등, 냉난방에 필요한 압력공기 → 보조 전원장치
④ 열차운행에 필요한 외부전원 수전장치 → 집전장치
⑤ 동력을 발생시키기 위한 제반 장치 → 인버터, 전동기

예제 다음 중 전동차 최초 기동에 필요한 에너지를 공급하는 기기는?

가. 인버터   나. 집전장치

다. 축전지   라. 보조전원장치

해설 축전지는 최초 기동에 필요한 에너지원이다.

제2절 **전기동차의 종류**

1. 전력제어방식에 따른 분류

1) 1970년대

1970년대 직류직권전동기, 저항제어차, 성북 – 인천 수도권 전철, 지하서울역 – 지하청량리 직통운전

2) 1980년대

1980년대 직류직권전동기, 저항제어차, 쵸퍼제어차, 2호선, 부산지하철 등

3) 1990년대부터 현재

교류유도전동기 인버터VVVF

[전력제어방식에 따른 분류]

종류별	기능
저항제어	주회로에 저항을 설치하여 속도상승 시 저항을 단락시켜 전동기에 공급전력을 증가시키는 방식
쵸퍼제어	주회로에 공급되는 직류전원을 사이리스터 스위칭으로 ON, Off하여 공급전력을 제어하는 방식
VVVF제어	가변전압(회전력 제어) 가변주파수(회전수 제어)에 의해 유도전동기를 제어하는 방식

[견인전동기 및 제어방식에 따른 분류]

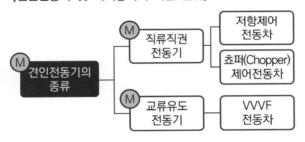

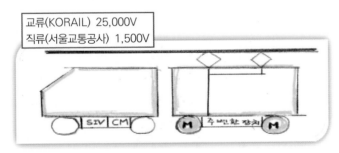

예제 다음 중 견인전동기 및 제어방식에 따른 분류에 포함되지 않는 것은?

가. 저항제어기 나. 교직제어 전동차
다. VVVF제어 전동차 라. 쵸퍼제어전동차

해설 (1) 직류직권전동기: 저항제어 전동차, 쵸퍼제어전동차

(2) 교류유도전동기: VVVF제어 전동차

따라서 교직제어 자동차는 견인전동기 및 제어방식에 따른 분류에 속하지 않는다.

예제 다음 중 전기철도 전기방식별 분류에서 교류방식 분류방법이 아닌 것은?

가. 주파수별   나. 변압기별

다. 전압별   라. 위상별

해설 교류방식분류방법에는 전압별, 주파수별, 위상별로 구분된다.

2. 전력제어 방법에 따른 전기동차의 종류

1) 저항제어차

(1) 저항을 통해 속도제어를 하는 차량

- 우리나라 전동차 도입 초기의 전동차
- 서울시 지하철 1호선과 수도권 전철 구간에 운행되는 구형 전동차에 적용

[작동원리]

- 견인전동기회로에 저항을 삽입하고 저항의 값을 변경시키는 방법으로 속도를 제어하는 방식

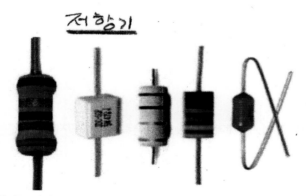

저항기를 삽입하고 Motor를 → 이용 → 저항치를 조정 전압·전류제어

- 제동 시에는 발전전류가 형성되어 강한 전자력이 계자와 전기자 사이에서 열차를 감속시키는 방향으로 작용하여 열차를 감속
- 자력의 역학관계에 의해 운동에너지를 감소시키는 방법을 이용한 제동장치를 전기 제동장치라 하며 이때 발전된 전력을 저항기를 통해 소비시키는 제동이 발전제동

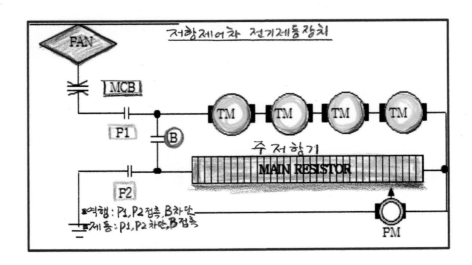

[저항기를 통한 속도제어(직류1,500V를 받으면 저항기를 통해서 모터를 제어)
- 처음 전동차 출발 시 전체 저항을 걸어서 약화된 전력으로 서서히 출발
- 저항 순차 단락(순차적으로 저항을 하나씩 단락시킨다. 공급되는 전압과 속도가 높아지면) → 직병렬제어(원래는 직렬이었는데 병렬형태로 바꾼다)
- 높아진 전압으로 모터를 돌린 후
- 약계자 제어(약계자 제어하면서 최고속도에 이른다.)

(2) 저항제어차는 전기제동을 통한 발전 제어

- 제동: 공기제동과 전기제동으로 구분
- 전동기:동력을 이용해 전기 발생
- 전기는 없는데 그 동력으로 전기가 만들어지기도 함
- 동력 발생된 상태에서 전기를 끊으면
- 그 모터는 타성에 의해 동력이 발생되어 굴러감

[그 동력에 의해 전기가 다시 발생]

- 단 모터의 회전력을 감소시키는 방향으로 역기전력이 발생하는 것이 전기제동
- 그 발생한 전기를 저항을 통해 소비를 시키는 것을 발전제동(전기제동기가 발전기가 되는 것)
- 따라서 저항전기전동차: 발전제동을 방식을 택하고 있는 전동차
- 발전제동을 통해 전력은 만들었지만 결국 저항기를 통해 전력을 소비

[운행할 때 쿵쿵 진동이 울리는 이유]

- 저항값이 불연속적이기 때문에 부드러운 제어가 불가능
- 스위치를 닫을 때마다 저항기가 하나씩 제거되는 효과를 주기 때문에 연속적으로 제어하는 게 어려움
- 저항제어차량이 운행할 때 쿵쿵 진동이 울리는 이유도 그 때문임
- 이 문제를 저항제어내에서 해결하는 방법은 작은 저항값을 가진 저항기를 많이 연결하고, 스위치를 많게 배열하는 것이지만 이는 수명과 정비 면에서 불리
- 또한 전동기의 쓰이는 전력에서 남은 전력이 저항을 통해 열로 발산되어 버리기 때문에 발열이 자주 발생 → 이는 객실 내를 덥게 만드는 주요 원인으로 작용
- 그래서 이를 최소화하기 위해 저항제어에서는 전동기 회전에 쓰이는 전력을 효율적으로 사용하기 위해 직렬, 병렬 회로로 전환하여 직병렬회로제어방식과 병행하는 경우가 많음

[전기제동]

발전제동과 희생제동의 2가지가 있다.
- 주간제어기를 당기면서 열차가 가속이 된다. 모터가 계속 회전을 한다.
- 그러다가 역행제어기를 "0"단으로 설정 → 모터의 가속은 멈추지만 관성의 힘으로 모터회전은 계속 한다.
- 원래는 전동기(전기에 의해 동력이 발생되는)인데, 이번에는 거꾸로 동력의 힘으로 전기가 발생된다. 전동기(즉, 거꾸로 동전기가 된다)가 발전기가 된다. 동력이 → 전기를 만들어 낸다.
- 이때 모터가 회전하는 힘을 감쇄시키는 방향으로 역기전력이 발생

1. 발전제동
    발전된 전력을 저항기를 통해 소비시키는 제동을 발전제동

---

2. 희생제동
  • 모터를 회전시켜서 동력을 발생시키는 원리는 똑같다.
  • 저항기를 통해 소비를 시키는 것이 아니라 회생시키는 원리이다.
  • 전차선에 전기를 주어 버린다.
  • 그러면 인접 차량에 전기 공급 가능하다.

➤ 저항제어자는 희생제동은 하지 못하고 발전제동만 쓰고 있다.

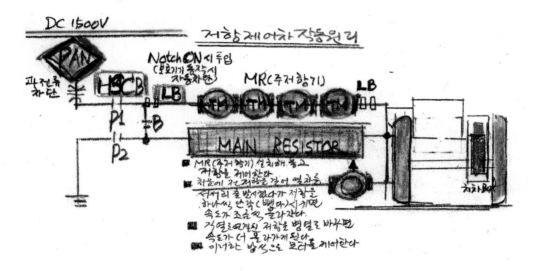

(3) 저항제어차 출력제어기(Two-Handle 방식 주간제어기)

[출력제어기]

주전종기에 전원을 공급 및 차단하는 역할. 1－4 Notch 위치에 따라 속도제어가능

① OFF위치: 주회로 차단상태

② 1 Notch:기동

③ 2 Notch: 직열운전(8직렬 순차저항 단락)

④ 3 Notch: 병열운전(4직 2병렬 순차저항 단락)

⑤ 4 Notch: 약계자 운전

예제 다음 중 저항제어차량에 관한 설명으로 틀린 것은?

가. 견인전동기는 직류직권전동기를 사용한다.

나. 수도권 전동차 중 최근에 도입된 차량이 주로 해당되며 쵸퍼장치로 전차선전압을 조절하는 제어방식이다.

다. 견인전동기 회로에 저항을 삽입, 저항 값을 변경함으로써 속도를 제어한다.

라. 제어저항에 의한 에너지 소모가 큰 것이 단점이다.

해설 저항제어차는 견인전동회로에 저항을 삽입하고 저항의 값을 변경시키는 제어방식이다.
- 쵸퍼장치로 전차선 전압을 조절하는 제어방식은 쵸퍼제어차이다.

예제 다음 중 저항제어차량의 출력제어기(Notch) 위치별 작용에 대한 설명으로 틀린 것은?

가. 1Notch: 기동

나. 2Notch: 8직렬 순차저항 단락

다. 3Notch: 병렬운전

라. 4Notch: 직렬운전

해설 4Notch: 약계자운전
※ 약계자운전: 토크(회전력) 저하를 막기 위해 약계자를 쓴다. 즉 계자전류의 일부를 단락하거나 별도 회로에 흘리게 되면 전기자 전류가 회복된다. 전기자 전류가 회복되면 속도가 상승하기 위한 힘이 생겨나게 된다.

예제 동력차의 인장력과 열차저항이 균형되어 등속운전시의 속도를 무엇이라 하는가?

가. 균형속도

나. 최고속도

다. 제한속도

라. 평균속도

해설 균형속도는 열차의 견인력(인장력)과 열차저항이 똑같이 되는 속도이다.

예제 다음 중 전동차의 주전동기 과전류(990A)를 검지하여 HSCB를 차단하는 계전기는?

가. 과전압계전기(OVR)

나. 전류계전기(CR)

다. 교류과전류계전기(ACOCR)

라. 과전류계전기(MMOCR)

해설 주전동기 과전류(990A)를 검지하여 NSCB를 차장하는 계전기는 과전류계전기(MMOSR)이다.

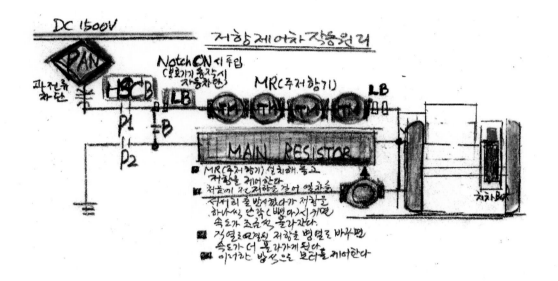

예제 다음 중 저항제어차량에 장착되어 전자직통제동과 발전제동을 병용 체결하는 제동장치는?

가. SELD형

나. KNORR형

다. HRDA형

라. ERE형

해설 SELD(Straight Electronics Load Dynamics: 전자직통제동)형 제동장치에 대한 설명이다.

예제 다음 중 저항제어차에 사용되는 보호계전기에 관한 설명으로 맞는 것은?

가. 전류 계전기(CR)는 발전제동 전류가 80A 이상 흐를 경우 소자되어 공기제동을 억제한다.

나. 과전압 계전기(OVR)는 발전제동 중 900V 이상의 과대전압이 흐를 경우 동작하는 계전기이다.

다. 과전류 계전기(MMOCR)는 주전동기의 전류가 1000A 이상 흐를 경우 과전류를 검지하여 HSCB를 차단시킨다.

라. 헛돌기 계전기(SLR)는 동력운전 중 공전이 발생할 경우 동력운전을 차단한다.

해설 저항제어차의 헛돌기 계전기(SLR)는 동력운전 중 공전이 발생할 경우 동력운전을 차단한다.

2) 쵸퍼(Chopper)제어차

 - 쵸퍼제어차는 서울지하철2, 3호선 및 부산지하철에서 운행 중
 - 직류전동기를 사용하지만 저항제어차보다 한 단계 발전된 기술의 전동차

[쵸퍼제어차의 작동원리]

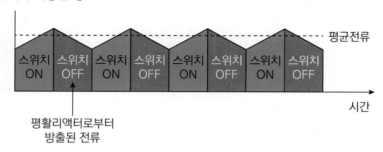

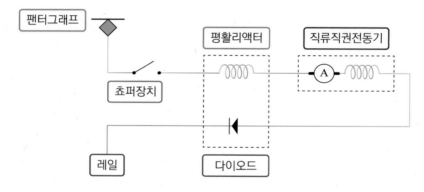

[작동원리: 어떤 장치로 직류전압을 바꾸어 줄 수 없을까?]

 - 쵸퍼제어차는 싸이리스터(반도체)를 이용한 쵸퍼장치로 전차선 전압을 적절히 조절
   하여 견인전동기에 공급하여 속도를 제어함.
 - 저항제어는 모터를 제어해 주기 위해 저항을 이용. 즉, 저항을 단락시킴으로써 모터
   의 속도제어가 가능
 - 쵸퍼제어는 저항기 대신에 사이리스터를 사용. 고속도, 고빈도로 ON, OFF시킬 수
   있는 반도체를 사용.
 - 원래 직류는 교류와 달리 전압을 변화시킬 수 없다. 어떤 장치로 직류전압을 바꿔
   줄 수 없을까? 이러한 고민 끝에 나온 전압변환방식이 쵸퍼제어 방식이다.

−고빈도, 고속도로 ON, OFF동작을 하는 (짧게 짤라주는) 형식(Chopping) 즉, 쵸핑 원리를 이용한 반도체인 싸이리스터가 발명되어 직류변압기의 역할을 해 주고 있다.

[쵸퍼제어 전동차(직류직권 전동기 장착차량)]

• 저항제어 차량의 단점인 열발생, (주저항기를 통하다 보니까 열이 많이 나오고, 소음도 많이 발생) 승차감 저하 등의 단점을 개선
• 주저항기 대신 고속, 고빈도로 동작 가능한 소자(반도체 스위칭 소자로 속도제어를 제어해 보자)로 속도제어
• 일정한 직류전압을 고속도, 고빈도로 잘라서 속도제어
ON하는 시간이 길어지면 평균전압이 늘어난다. OFF하는 시간이 길어지면 평균전압이 낮아진다.
On, Off를 적절히 조절함으로써 들어가는 전압을 조절 → 속도제어를 하는 방식

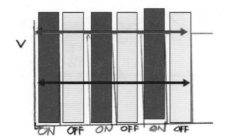

쵸퍼(Chopper) 제어 서울메트로 3000호대 전동차

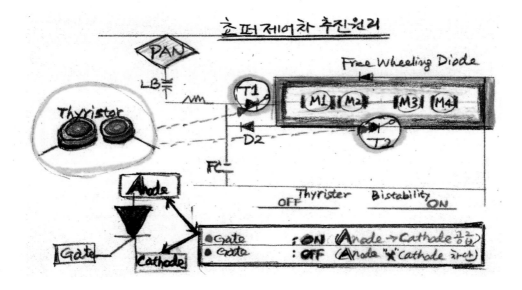

[쵸퍼제어차의 전류 흐름]

- 역행
  - T1 on: 전차선 → LB → FL → T1 → M1 → M2 → M3 → M4 → Rail
  - T1 off: M1 → M2 → M3 → M4 → FWD → M1 ….
- 제동
  - T2 on: M4 → M3 → M2 → M1 → T2 → M4 ….
  - T2 off: M4 → M3 → M2 → M1 → D2 → FL → LB → 전차선(희생제동)

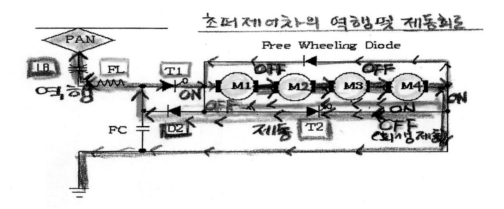

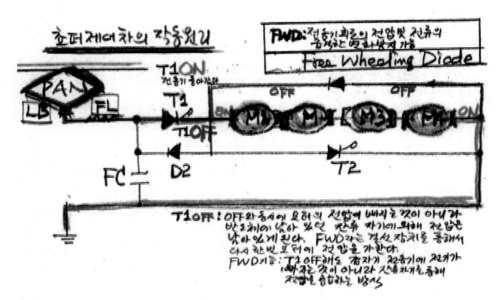

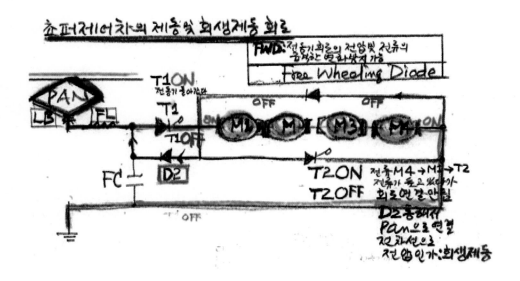

예제 다음 중 전기동차에 관한 설명으로 맞는 것은?

가. 저항제어전동차는 직류직권전동기를 사용하며 회생제동 방식을 사용한다.

나. 공기압축기는 유니트 구성의 기본조건 중 하나이다.

다. **초파제어차의 역행시 전류 흐름은 역행 시 T1 on과 역행 시 T1 off이다.**

라. 전동차가 열차로서 기능을 갖는 최소편성은 6량 편성(2M4T)이다.

해설 초파제어차의 역행 시 전류 흐름은 역행 시 T1 on과 역행 시 T1 off이다.

예제 다음 중 직류전압을 사이리스터를 사용하여 고빈도로 잘게 쪼개어 공급되는 전력을 제어하는 방식은?

가. 컨버터제어방식　　　　　　　　　　나. **쵸퍼제어방식**

다. 인버터제어방식　　　　　　　　　　라. 저항제어방식

해설 쵸퍼제어방식: 싸이리스터를 설치하고 고속, 고빈도로 ON, OFF 동작을 반복함으로써 공급되는 전력을 제어하는 방식이다.

예제 **초파제어차의 전류 흐름 순서이다 맞지 않는 것은?**

가. 역행시 T1 on

나. 역행시 T1 off

다. 제동시 T2 on

라. 제동시 T1 off

해설 제동시에는 T2 off 상태가 된다.

예제 **다음 중 전기동차의 종류에 관한 설명으로 틀린 것은?**

가. 1990년대 이전까지 우리나라의 철도 동력차에 사용되는 견인전동기는 모두 직류직권 전동기를 사용하였다.

나. 쵸퍼제어차는 싸이리스터를 쵸퍼장치로 전차선 전압을 적절히 조절하여 견인전동기에 공급하여 속도를 제어하고, 회생제동을 사용하므로 저항 제어차에 비해 획기적으로 전력 에너지 소비를 줄였다.

다. 저항제어차는 우리나라에 처음으로 도입된 전동차로 모두 견인전동기 회로에 저항을 삽입하여 저항의 값을 변경시키는 방식으로 전동차의 속도를 제어하였다.

라. 직류직권전동기는 교류 유도 전동기에 비해 성능이 우수할 뿐만 아니라 비교적 간단한 제어장치로 속도를 제어할 수 있는 특성을 가졌기 때문이다.

해설 직류직권전동기가 교류 유도 전동기에 비해 성능이 우수하지 않다.

예제 **우리나라 전기동차 발전과정에 관한 설명으로 맞는 것은?**

가. 저항제어 전동차 → VVVF 전동차 → 쵸퍼제어전동차

나. 쵸퍼제어전동차 → 저항제어 전동차 → VVVF 전동차

다. VVVF 전동차 → 저항제어 전동차 → 쵸퍼제어전동차

라. 저항제어 전동차 → 쵸퍼제어전동차 → VVVF 전동차

해설 우리나라의 전기기동차 발달과정은 저항제어 전동차 → 쵸퍼제어전동차 → VVVF 전동차 순서이다

예제 **다음 중 쵸퍼(Chopper)제어 전동차의 2Notch 통류율의 수치로 맞는 것은?**

가. 0.97

나. 0.3

다. 0.5

라. 0.1

해설 쵸퍼제어전동차의 2Notch 통류율은 0.5이다.

예제 다음 중 저항제어전동차와 비교하였을 때 쵸퍼(Chopper)제어전동차의 장점이 아닌 것은?

가. 가선전압의 변동 폭이 넓다. 나. 승차감이 향상된다.

다. 열이 많이 발생하지 않는다. 라. 전력의 낭비가 적다.

해설 쵸퍼제어전동차는 가선전압의 변동폭이 저항제어전동차에 비해 좁다.

예제 다음 중 전기동차의 설명으로 맞는 것은?

가. 저항제어전동차는 직류직권전동기를 사용하며 회생제동방식을 사용한다.

나. 공기압축기는 유니트 구성의 기본조건 중에 하나이다.

다. 쵸파제어전동차는 부산지하철 1호선에서 사용 중이다.

라. 전동차가 열차로서 기능을 갖는 최소편성은 6량(2M4T)편성이다.

해설 1985년에 개통된 부산1호선은 쵸퍼차량 31개 편성, VVVF차량 21개 편성으로 총 8량 52개 편성으로 운행 중이다.

예제 다음 중 쵸퍼(Chopper)제어 전동차의 주요제원에 관한 설명으로 틀린 것은?

가. 동력운전 시 주전동기 접속은 4직2병렬 영구접속이다.

나. 치차비는 7.09: 1

다. 연속정격출력은 3,600kw(6M4T기준)이다.

라. Chopper 제어 주파수는 470Hz(235Hz × 2상)이다.

해설 쵸퍼제어차량의 치차비는 6.53: 1이다.

예제 다음 중 쵸퍼제어차량의 성능과 특성에 관한 설명으로 틀린 것은?

가. 상용제동감속도: 3.5km/h/s 나. 평균가속도: 3.0km/h/s

다. 비상제동감속도: 4.5km/h/s **라. 주저항기냉각방식: 강제냉각방식**

해설 주저항기냉각방식은 자연통풍 방식이다.

3) VVVF(Variable Voltage Variable Frequency: 가변전압가변주파수 제어차)

- 직류전동기에서 본격적인 교류전동기 시대로 전환되고 있다.
- 저항제어차와 쵸퍼제어차는 직류전동기를 사용한다.
- VVVF는 교류전동기를 사용하게 된다.
- 직류전동기보다 교류전동기가 월등하게 우수하다.
- 가정에서 사용하고 있는 선풍기는 교류전동기를 사용한다.
- 선풍기 모터 자체가 고장 나는 일은 거의 없다. 선풍기 모터는 유지보수 필요 없다.

[교류전동기 개발이 늦었던 이유]

- 이러한 교류전동기의 장점에도 불구하고 교류전동기 개발에 진전이 없었던 이유는 교류전동기를 돌릴 만큼 속도 제어할 수 있는 반도체 개발이 늦어졌기 때문이다.
- 유도전동기 자체는 우수한데 그 것을 전동차에서 적용하여 속도제어할 수 있는 능력이 없었다.
- 교류 유도전동기를 돌릴 수 있는 GTO, IGBT와 같은 반도체 소자들이 속속 개발이 되면서 전동차에도 교류전동기를 장착할 수 있게 된다.

[교류유도전동기를 어떻게 속도 제어를 하나?]

- VVVF, 즉, 가변전압가변주파수 방식으로 교류전동기를 제어하게 된다.
- GTO, IGBT 반도체 등이 개발이 되면서 가변전압이나 가변주파수제어를 가능하게 만들었다.
- 이런 반도체들이 나타나면서 교류유도전동기를 철도차량에 접목시키는 계기가 되었다.

[VVVF제어방식이란?]

- VVVF제어방식은 가변 전압과 가변 주파수를 영문표기하였을 때의 약자 (Variable Voltage Variable Frequency)로, 3VF라고도 한다.
- 가 · 전, 가 · 주를 쓰는 인버터제어 방식을 의미
- 우리가 흔히 말하는 인버터제어 방식 전동차가 모두 이 VVVF제어 방식 전동차
- 이 제어방식은 전력반도체 소자를 이용한 ON/OFF 스위칭으로 전기의 전압과 주파수를 바꾼 뒤에 모터에 공급하는 방식
- VVVF제어방식은 효율이 좋고, 열이 발생하지 않아 신형 전동차들이 모두 채용하는 추세

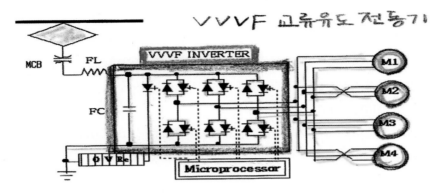

[GTO]

-GTO는 'Gate Turn-Off Thyristor'의 약자로 현재 전동차에 널리 쓰이고 있는 소자이다.

-전류의 흐름과 끊어 줌을 고속으로 할 수 있는 반도체의 일종이다.

-파워 트랜지스터를 사용하며 IGBT가 나오기 전까지는 이 소자가 제일 많이 쓰였었다.

-전력 효율성이 좋은 IGBT 소자에 비해 GTO 소자는 약점이 있다.

-GTO 소자는 가속력이 좋고 사용 실적이 많다는 것이 장점이다. GTO의 단점은 소음이 날카롭고 시끄럽다는 점이다(예민한 승객은 이 소음 때문에 두통을 호소).

[VVVF(Variable Voltage Variable Frequency: 가변전압 가변주파수 제어차)]

-GTO(Gate Turn-off Thyristor) 또는 IGBT(Insulated Gate Bipolar Transistor) 반도체 소자를 활용 → Gate 전원 ON/OFF(Switching 작용)으로 →직류 전원을 교류로 변환하여 유도전동기에 공급되는 전압과 주파수를→ 가변시켜→전동기 속도를 제어하는 전동차.

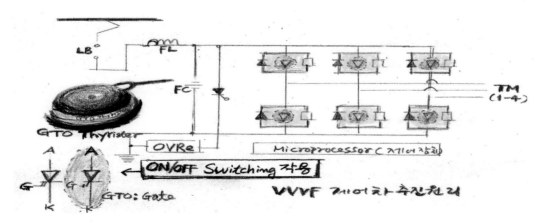

[VVVF(가변전압 가변주파수 제어차) 특징

−1992년 안산~당고개 ADV 전동차 운행(그 이전 동력차는 모두 직류직권전동기)
−삼상교류 유도전동기(AC 200KW), PWM 컨버터, VVVF 인버터 → 견인전동기의 간소화, 무보수화 → 시간,경비절감, 전동기 신뢰도 향상
−차량구성비: 5M5T, 3M3T 등
  소형경량화: 기계적인 접촉기, 절환기, 회로차단기 수 감소로 직류전동기와 동일한 출력에서 약 30% 정도 소형 경량화
−회생제동: 에너지 절감효과
−속도향상: 5,000~7,000rpm(직류직권전동기: 3,000~3,500rpm)

예제 다음 중 VVVF전기동차의 성능으로 틀린 것은?

가. 상용감속도: 3.5km/h/s   나. 저크제어 한계: 0.8m/sec³
다. 표정속도: 30km/h   라. 가속도: 3.0km/h/s

해설 표정속도: 35km/h

예제 다음 중 VVVF전기동차의 대차 제원으로 틀린 것은?

가. 공기스피링 취부면 높이: 987mm   나. 대차 최대 폭: 2,680mm
다. 고정축거: 820mm   **라. 차륜직경: 820mm**

해설 차륜직경: 860mm

예제 다음 중 VVVF 전기동차와 관련이 없는 것은?

가. 교류유도전동기   나. 고응답식(HRDA)제동
다. 회생제동   **라. 직류직권전동기**

해설 직류직권전동기는 저항제어 전동차, 쵸퍼제어전동차에서 사용되는 견인전동기이다.
VVVF전기동차의 특징에는 교류유도전동기, HRDA제동, 회생제동 등이 있다.

예제 다음 중 견인전동기 및 제어방식에 따른 분류에 포함되지 않는 것은?

가. 저항제어기

나. 교직제어 전동차

다. VVVF제어 전동차

라. 쵸퍼제어 전동차

해설 **견인전동기 및 제어방식에 따른 분류**

    1. 직류직권전동기: 저항제어 전동차, 쵸퍼제어 전동차

    2. 교류유도전동기: VVVF제어 전동차

예제 다음 중 직류전원을 가변전압, 가변주파수로서 3상 교류전원으로 변환해주는 장치는?

가. Inverter

나. L1

다. Converter

라. MCB

해설 Inverter: 직류전원을 "가변전압, 가변주파수로 3상 교류전원으로 변환해 주는 장치"이다.

제3절   전기동차의 차종 및 편성

1. 전기동차 차종(과천선)

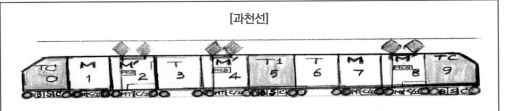

[과천선]

  – 10량 편성: 5M 5T

  – Pan, MCB, MT, C/I, TM: 2호차, 4호차, 8호차

  – MT, C/I, TM: 1호차, 7호차

  – SIV, CM, Battery : 0호차, 5호차, 9호차

제어차	TC(Train Control Car)	동력장치는 없고 운전실을 구비하여 전동차를 제어하는 차량
구동차	M′(Motor Car)	동력장치를 가진 차량(집전장치가 있는 구동차(M′)가 구동기능이 없는 차량(M)에 전기 공급)
	M(Motor Car)	동력장치와 집전장치를 가진 차량
부수차	T(Trail Car)	부수 차량
	T1(Trail Car)	부수차량이지만 보조전원장치(SIV)를 가진 차량(Battery, SIV, CM,) (인버터 제어차)

2. 전동열차의 편성(차량들이 모여서 편성이 된다)

편성마다 구동차가 50% 차지

1) 4량

(2M2T) TC -M′-M′- TC(최소편성단위. 이보다 작아서는 안 된다.)

2) 6량

(3M3T) TC -M -M′-T -M′-TC

3) 8량

(4M4T) TC -M -M′-T -T -M -M′-TC

4) 10량(5M5T)

TC-M-M′-T-M′-T₁ -T-M-M′-TC(인버터제어차)

3. 승객정원

(1) TC:148명(좌석 48명, 입석 100명) (운전실확보로 승객공간이 작아짐)
(2) M,T: 160명(좌석 54명, 입석 106명)

4. 주요성능

① 최고속도: 100km/h (일부 차량 110km/h) (차량 자체의 최고 성능)

② 최고운행속도: 80km/h (일부 구간 90km/h) (해당 구간을 운행할 수 있는 최고속도. 선로의 영향을 받음)

③ 표정속도: 35km/h (역의 정차하는 시간까지 포함해서 속도를 계산)

④ 가속도: 3.0km/h/s

⑤ 감속도: 상용 3.5km/h/s, 비상 4.5km/h/s

⑥ 저크제어 한계: $0.8m/sec^3$ (승객들의 승차감을 높여주기 위해 감속도를 한 번 더 시간(s)으로 나눈 값을 쓴다.)

예제 다음 중 전기동차의 주요성능에 대한 내용으로 틀린 것은?

가. 상용감속도: 3.5km/h/s

나. 저크제어한계: $0.8m/sec^3$

다. 표정속도: 30km/h

라. 가속도: 3.0km/h/s

해설 표정속도: 35km/h

5. 제어회로 전압

(1) 직류: 100V DC(70 – 110 V DC)

(2) 교류: 220/380V AC(+5%, −10%), 60Hz(2%)

6. 제어 공기 압력

$5kg/cm^2$

7. 속도제어및 제동방식

(1) 속도제어 방식: 가변전압 가변 주파수(VVVF)인버터와 응하중에 의한 속도 제어

(2) 제동방식: 회생제동 병용, 전기지령식에 의한 응하중부 공기제동

예제 다음 중 철도공사 및 서울지하철 1~4호선 Two-Handle방식의 저항제어 전동차의 주간제어기 구성기기가 아닌 것은?

가. 전후진제어기　　　　　　　　　　　나. 제동핸들

다. 출력제어기　　　　　　　　　　　　라. 주간제어기 열쇠

해설 주간제어기 구성기기: 주간제어기 열쇠, 출력제어기(Notch), 전후진제어기(Reverse Handle), Reset Handle

제2장

전기동차 주요회로 및 주요기기의 기능

제1절 특고압회로, 주회로, 고압보조회로

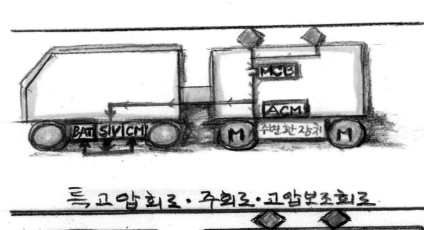

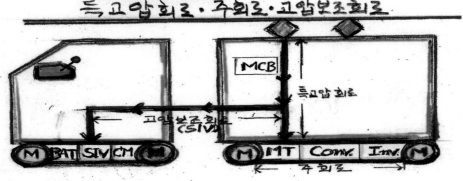

1. 4호선의 특고압회로

1) 기동과정

BAT전원투입 → ACM구동 → Pan 상승 → MCB투입 → 전동차 기동

[전동차의 기동 과정]
① 최초에는 배터리 전원으로 전동차를 기동. 배터리가 연결되어 최소 전원이 확보
② M차에 있는 ACM이라는 보조공기압축기가 작동
③ 공기를 Pan으로 올려 보냄
④ Pan상승
⑤ 전차선 전원을 받을 수 있게 됨
⑥ MCB(주차단기) 투입되면 전원이 내려와서 주회로로 전달
⑦ SIV까지 전원이 전달
⑧ SIV가 작동하면 CM공기압축기가 작동
⑨ SIV가 배터리를 계속적으로 충전
⑩ SIV가 작동되면 난방, 냉방장치가 작동

예제 다음 중 최초의 기동에 필요한 에너지를 공급하는 기기는?

가. 인버터   나. 집전장치
다. 축전지   라. 보조전원장치

해설 기관사가 키를 삽입하면 축전지 접압이 74V를 현시해야 정상적으로 ACM을 작동시킬 수 있다.

[특고압 회로]

특고압회로: 팬터그래프에서 수전한 전원이 주변환 장치(C/I:Converter/Inverter) 전까지 AC25kV로 전달되는 구간

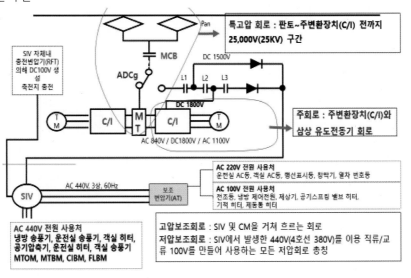

특고압 회로 : 판토~주변환장치(C/I) 전까지 **25,000V(25KV) 구간**

SIV 자체내 충전변압기(RFT)에 의해 DC100V 생성 축전지 충전

주회로 : 주변환장치(C/I)와 **삼상 유도전동기 회로**

AC 220V 전원 사용처
운전실 AC등, 객실 AC등, 행선표시등, 창닦기, 열차 번호등

AC 100V 전원 사용처
전조등, 냉방 제어전원, 제상기, 공기스프링 밸브 히터, 기적 히터, 제동통 히터

AC 440V 전원 사용처
냉방 송풍기, 운전실 송풍기, 객실 히터, 공기압축기, 운전실 히터, 객실 송풍기
MTOM, MTBM, CIBM, FLBM

고압보조회로 : SIV 및 CM을 거쳐 흐르는 회로
저압보조회로 : SIV에서 발생한 440V(4호선 380V)를 이용 직류/교류 100V를 만들어 사용하는 모든 저압회로 총칭

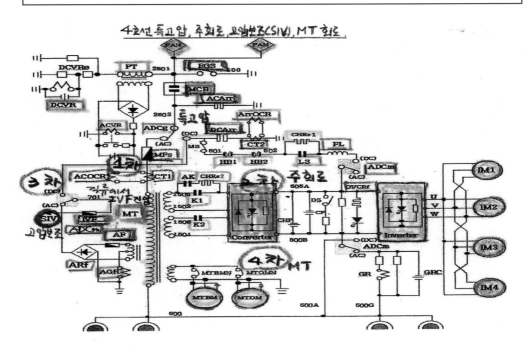

4호선 특고압, 주회로, 고압보조(SIV), MT 회로

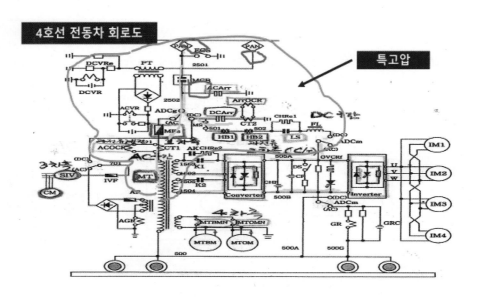

4호선 전동차 회로도

2) 4호선 교류구간 역행시 전원흐름 순서

Pan(팬터그래프) → MCB(주차단기) → ADCg(교직절환기) → MF(쥬휴즈) → MT(주변압기: 2차측) →
AK(교류접촉기: CHRe충전) → K1, K2 → C/I(컨버터/인버터) → IM(주전동기: IM 4대 병렬)

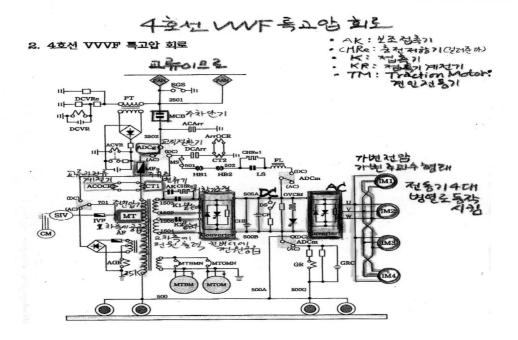

2. 4호선 VVVF 특고압 회로

3) 4호선 직류구간 역행시 전원흐름 순서

PAN1.2 → MCB → ADCg(DC위치) → MS → HB1, 2 → CF충전후 → LS → FL → ADCm → 인버터
(I) → 주전동기(IM)

2. 4호선 VVVF 특고압 회로

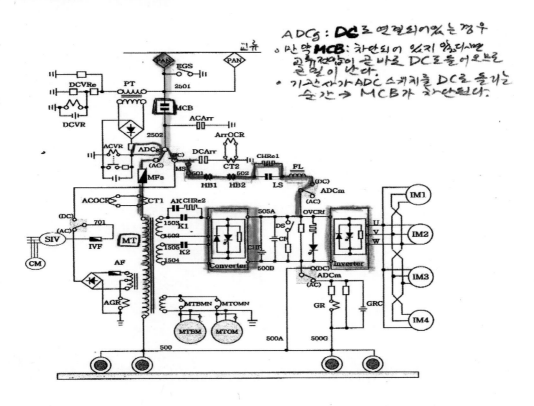

ADCg : **DC**로 연결되어있는 경우
○ 만약 **MCB** : 차단되어 있지 않으면
  교류전압이 곧바로 DC로 들어오므로
  큰일이 난다.
● 기관사가 ADC 스케치를 DC로 돌리는
  순간 → MCB가 차단된다.

[과천선]

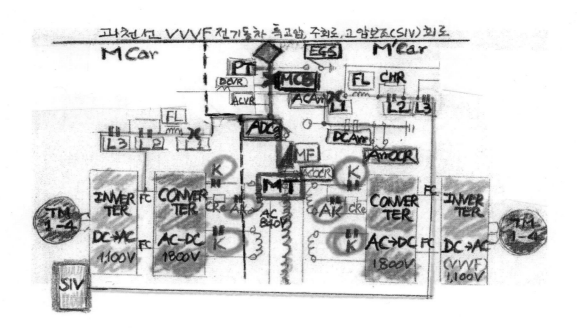

- 10량 편성: 5M 5T
- Pan, MCB, MT, C/I, TM: 2호차, 4호차, 8호차
- MT, C/I, TM: 1호차, 7호차
- SIV, CM, Battery : 0호차, 5호차, 9호차

1. 교류구간

1) 역행

전차선(AC25kV) → 팬터그래프 → 주차단기 → 교직절환기(ADCg) → 주변압기(AC 840V×2) → 컨버터 → 인버터 → 견인전동기

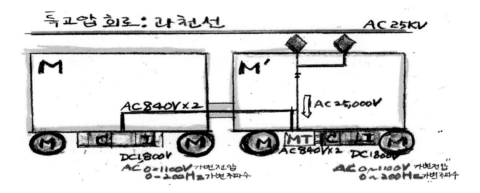

2. 직류구간

1) 역행회로(동력운전)

전차선(DC1500V) → 팬터그래프 → 주차단기 → 교직절환기(ADCg) → L1, L2, L3, → 인버터 → 견인전동기

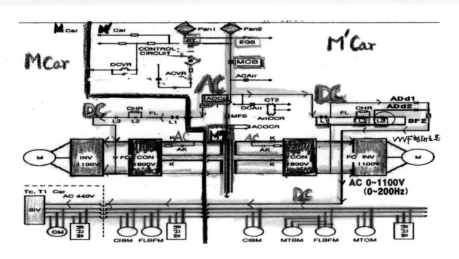

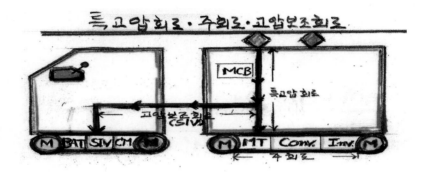

1. 4호선 주회로

1) 교류구간

Pan → MCB(주차단기) → ADCg(교직절환기) → MF(쥬휴즈) → MT(주변압기: 2차측) → AK(교류접촉
기: CHRe충전) → K1, K2 → C/I(컨버터/인버터) → IM(주전동기: IM 4대 병열)

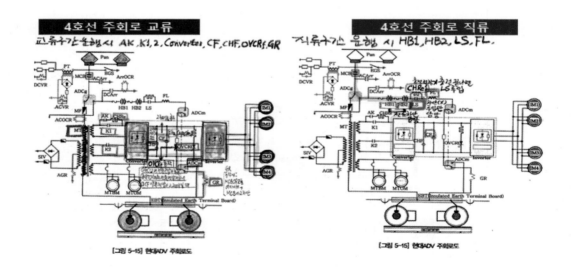

[그림 5-15] 현대ADV 주회로도　　　　　　　[그림 5-15] 현대ADV 주회로도

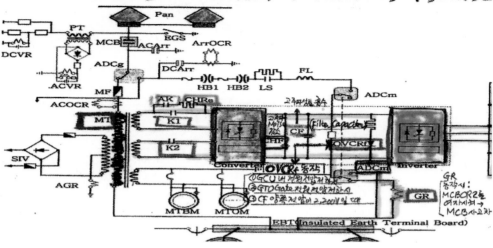

교류구간운행시 AK .K1,2, Converter, CF,CHF,C

2. 4호선 주회로 직류구간

Pan → 주회로 차단기(MCB) → 교직절환기(DC위치) → 개방스위치(MS) → 고속도차단기(HB1,2) → LS(Line Switch) → ADCm(교직절환스위치: DC위치) → I(인버터) → 주전동기(IM4대 병렬)

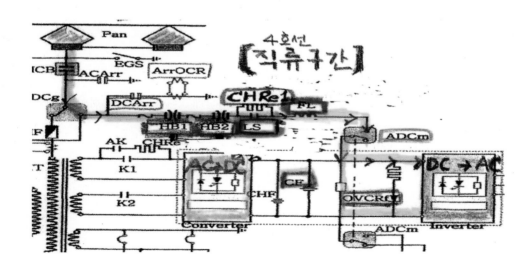

제3장

주요기기 구성

특고압 기기 구성 및 기능

1. 팬터그래프(Pantagraph)

1) 팬터그래프의 기능, 설치위치, 형상, 수량

(1) 기능: 전차선의 전원을 전기동차로 받아들이는 집전장치

스프링의 힘으로 상승하고, $7kg/cm^2$ 전후의 압상력으로 전차선에 접촉

(2) 설치위치: M´차 지붕(4호선 VVVF 전기동차는 M차 지붕)

(3) 형상: 경합금의 판이 마름모형으로 되어 있다.

(4) 수량: 1량당 2개(회생제동 시 전차선과 팬터그래프의 분리를 고려함)

[Pan이 있는 지붕으로 올라가보자!! – Pantograph(팬터그래프)]

① 전동차 지붕으로 올라가 보면 맨 처음 전차선
   에서 전기를 받는 팬터그래프를 볼 수가 있다.
② 전동차의 집전장치는 M′차 지붕에 설치되
   어 있으며
③ 경합금의 판은 마름모형으로 되어 있으며,
④ 회생제동시 발생할 수 있는 전차선과
⑤ 팬터그래프의 분리를 고려하여
⑥ M′차 1량당 2개의 팬터그래프가 설치되
   어 있다.

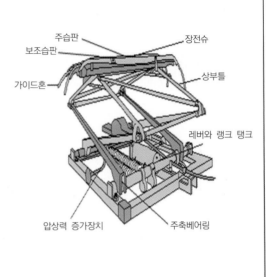

2) 집전장치의 특징

(1) 전차선의 고·저 변화에 대해 원활한 접촉 성능을 갖도록 설계됨.

(2) 틀 조립은 하부를 상호 교차하여 마름모형으로 함으로써 틀 조립을 소형화하였음

[차량지붕 위 특고압 기기]

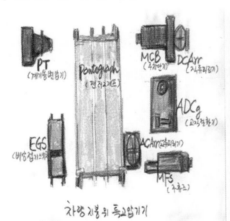

2. 주차단기(MCB: Main Circuit Breaker)

- 교류구간운전 중에 MT(주변압기) 1, 2차측 이후의 고장 발생 시
- 과전류를 신속하고 안전하게 확실히 차단할 목적으로 설치된 기기이다.
- 교류구간에서는 차단기와 개폐기를 겸한다(1차측과 2차측 전원에 과전류가 발생하면 MCB가 자동으로 차단시켜 막아주는 역할을 하는 것이다. 교류의 전압과 전류는 위 아래로 변동 폭이 크다. "0"일 때를 선택해서(맞추어) 차단시키게 된다).

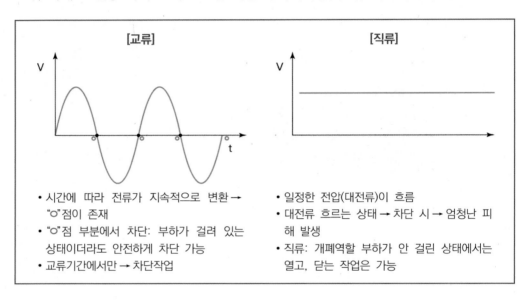

[교류]	[직류]
• 시간에 따라 전류가 지속적으로 변환 → "○"점이 존재 • "○"점 부분에서 차단: 부하가 걸려 있는 상태이더라도 안전하게 차단 가능 • 교류기간에서만 → 차단작업	• 일정한 전압(대전류)이 흐름 • 대전류 흐르는 상태 → 차단 시 → 엄청난 피해 발생 • 직류: 개폐역할 부하가 안 걸린 상태에서는 열고, 닫는 작업은 가능

- 직류구간에서는 개폐기 역할만 한다(직류구간에서는 차단은 못하고 열고 닫는 기능만 한다. 직류는 시간에 따라 일정한 전압이 흐르고 있어서 차단할 수가 없다).

예제 다음 중 교직류전동차에서 가장 중요한 기기로 전기제어 회로지령에 의한 주회로의 구성 및 개방을 하는 기기는?

가. 교직절환기   나. 주차단기

다. 팬터그래프   라. 주휴즈

해설 주차단기(MCB)에 대한 설명이다.

예제 다음 중 전기동차 주차단기(MCB)에 관한 설명으로 틀린 것은?

가. 교류구간에서는 차단기와 개폐기의 역할을 한다.

나. 직류구간만을 운행하는 전동차에 사용한다.

다. MT(주변압기) 1,2차측 이후의 회로에 고장발생시 과전류를 차단한다.

라. 직류구간에서는 개폐기 역할만 한다.

해설 MCB: 교류구간에서 차단기와 개폐기를 겸하고 직류구간에서는 개폐기역할만 하는 기기

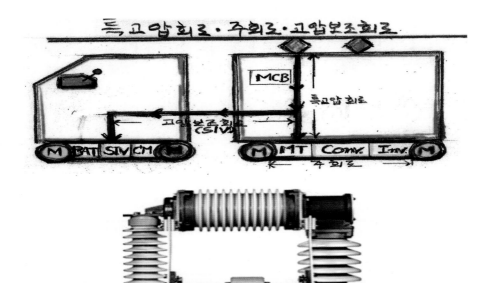

주차단기(MCB)www.vitzrotech.com

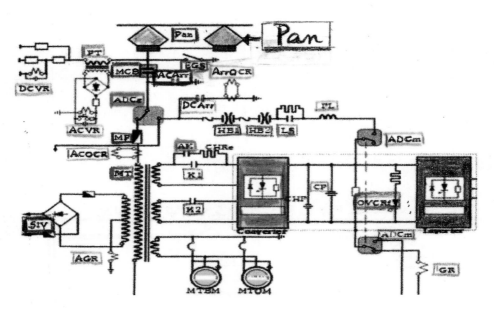

[전동차 회로]

특고압회로: 팬터그래프에서 수전한 전원이 주변환 장치(C/I:Converter/Inverter) 전까지 AC25kV
로 전달되는 구간

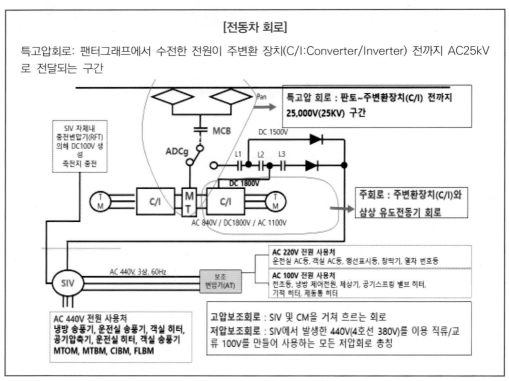

3. 교직절환기(ADCg: AC-DC Change Over Switch)

- 전차선 전원에 따라 회로를 AC 또는 DC로 구성해주는 기기이다.
- M차 옥상에 설치한다.
- 전원 공급 없는 상태에서 회로를 개방 또는 연결해 주는 단로기이다.
- 전부 운전실 ADS 취급 ⇒ 전자변여자(공기압력으로 동작)(AC구간 달리다 절연구간
  을 거쳐 DC구간으로 진입할 때는 ADS, 교직절환스위치를 DC로 돌린다.

교직절환기 (ADCg)

교직절환기 (ADCg)

2. 4호선 VVVF 특고압 회로

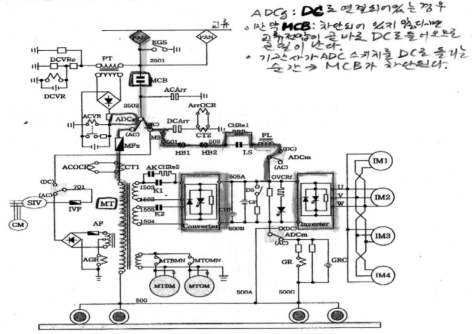

ADCg : **DC**로 연결되어없는 경우
o 만약 **MCB** : 차단되어 있지 않으면
공류전압이 곧 바로 DC로 들어오므로
큰일이 난다.
o 기관사가 ADC 스위치를 DC로 드는
순간 → MCB가 차단된다.

4. 주휴즈(Main Fuse: MFS)

[작동원리]
- 주변압기(MT)를 보호할 목적으로 설치된 기기
- 주변압기(MT) 1차 측에 큰 전류가 흘러 들어올 경우 용손되어 주변압기를 보호하는 기기(가정에서도 과전압 들어오면 휴즈가 용손(녹아 끊어져 버린다)된다. 휴즈는 끊어지더라도 주변기기들을 안전하게 보호해준다).
- 교류상태로 직류구간으로 진입한 경우(직류모진시) 무가압구간에서 (MCB가 차단되지 않으면) DC1, 500V의 대전류가 주변압기(MT)에 흘러 주변압기가 소손되기 전에 주휴주가 용손되어 주변압기 및 기타 기기를 보호함.
- MCB(주차단기)차단되어야 하나 기계적인 고장 등으로 차단되지 않을 경우 →주변압기 보호를 위해 주휴즈(MFs)가 용손되어 주변압기 및 기타의 기기를 보호하는 기기임.

[MFs(Main Fuse: 쥬휴즈)]

① 주휴즈(MFs)는 M′차 지붕에 설치되어
② 주변압기(MT)1차 측에 큰 전류가 흘러 들어올 경우
③ 용손되어 주변압기를 보호하기 위한 목적으로 설치되어 있다.
④ 주휴즈가 용손되면 적색 단추가 약 30 mm가량 튀어 나오므로 쉽게 판별할 수 있다.

예제 다음 중 주변압기보호용 기기로 주변압기 1차측 회로에 이상 전류가 흐를 경우 용손으로 보호하는 기기는?

가. Pan

나. 비상접지스위치

다. 주휴즈

라. MCB

해설 주휴즈(MFs)에 대한 설명이다.

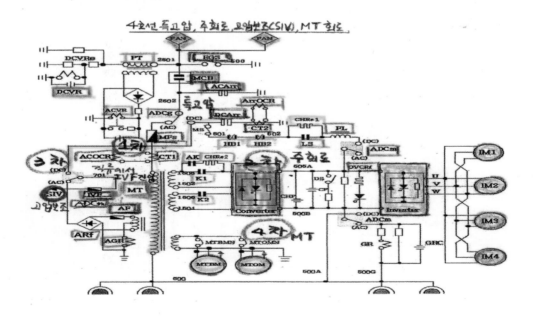

5. 비상접지스위치(EGS: Emergency Ground Switch)

- 교류구간에서만 동작한다.
- 비상의 경우에 Pan회로를 직접 접지시켜 전차선을 단락하고
- 이때 기관사가 EGS를 취급한다(교류25KV를 단전시켜준다).
- 전원 측(변전소)의 차단기를 개로시킨다(기관사가 운전하면서 전방을 보니까 전차선 전원이 떨어져 있다).

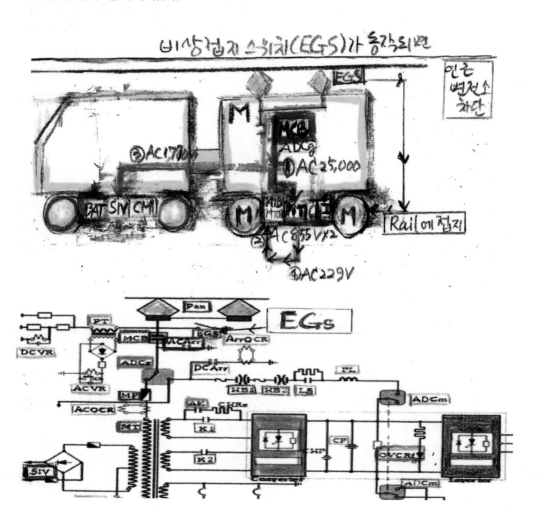

예제 다음 중 팬터그래프회로를 직접 접지시켜 전차선을 단락하는 기기로 맞는 것은?

가.TCMS   나. DCArr
다.EGS   라. ACArr

해설 비상접지스위치(EGS)에 대한 설명이다.

예제 다음 중 전동 공기압축기의 주요기기가 아닌 것은?

가. 토출변   나. 전동기
다. 압축기   라. 공기 건조기

해설 토출변은 제동장치과 관련된 기기이다.

예제 다음은 교직류 전기동차의 특고압 기기들에 대한 설명이다. 옳지 않은 것은?

가. 팬터그래프는 전차선 전원을 전기동차로 수전하는 집전장치이다.
나. 주휴즈는 주변압기 1차측 회로에 이상전류가 들어올 경우 용손되어 주변압기를 보호한다.
다. 교류피뢰기는 교류 구간 운전 중 낙뢰 또는 써지 전압이 흘러들어올 경우 전차선 전원을 차단
    한다.
라. 과전류 보호용 변류기는 교류 모진 시 동작하여 피뢰기 과전류 계전기를 동작시킨다.

해설 과전류 보호용 변류기는 주변압기 1차측에 과전류 발생 시 과전류 계전기를 동작시켜 주차단기를 개방
    한다. '라.'는 모진 보호용 변류기에 대한 설명이다.

6. 계기용 변압기(PT: Potential Transformer)

– 교류인지 직류인지를 구분하여 주회로제어에 반영할 수 있는 기기가 계기용변압기
  이다.
– 교직겸용차라고 할 때 AC인지 DC를 탐지하여 제어회로에 보내준다.
– 교류구간에서는 AC25KV를 → AC100V로 강압하여 교류전압계전기(ACVR)를 동작
  시킴

– 직류구간에서는 저항을 이용하여 전압을 강하하여 직류전압계전기(DCVR)를 동작시킴

[PT(Potential Transformer : 계기용변압기)]

① 계기용변압기(PT)는 M′차 옥상에 있고
② 교류구간에서는 AC25KV를 변압작용에 의해 →
   교류전압계전기(ACVR)를 작동시키며,
③ 직류구간에서는 1차측을 통한 전류에 의하여 →
   직류전압계전기(DCVR)가 동작한다.
④ 계기용변압기는 팬터그래프가 상승하고 있는 동안
   항상 통전되어 전차선의 전원을 탐지하여
⑤ 주회로 제어계통을 전차선 전압에 일치시키도록
   지시하고 설정하는 역할을 한다.

설치위치
(1) 과전선 VVVF 전기자동차: M′차 옥상
(2) 4호선 VVVF 전기자동차 : M차 옥상

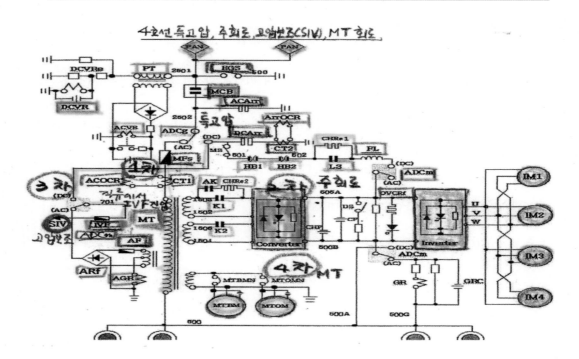

예제 다음 중 특고압 기기에 관한 설명으로 틀린 것은?

가. ArrOCR은 교류모진 시 동작한다.

나. 계기용 변압기는 ACOCR를 동작시킨다.

다. DCArr는 직류회로에 이상전압 인가 시 주회로를 보호한다.

라. MFs는 직류모진 시 MT를 보호한다.

해설 계기용변압기(PT)는 교류전압계전기(ACVR), 직류전압계전기(DCVR)를 동작시킨다.
※ 계기용 변압기(PT: Potential Transformer)란?
- 교류인지 직류인지를 구분하여 주회로제어에 반영할 수 있는 계기용변압기가 필요하다.
- 그러므로 운행구간에 대한 전원형태를 시스템으로 구분하는 장치가 계기용 변압기이다.
- PT는 Pan이 상승되면 즉시 전차선의 급전유무와 공급전원의 형태를 감지하여 주회로를 구성하는 주회로차단기(MCB)에 반영해야 하는 임무를 지니고 있다.
- 따라서 주회로구성 순서 상 PT가 MCB 이전에 설치되어 있어야 한다.

[작동원리]
- 교류구간에서는 AC25kV를 AC100V로 강압하여 ACVR을 동작시킴.
- 직류구간에서는 저항을 이용하여 전압을 강하하여 DCVR을 동작시킴

예제 다음 중 계기용 변압기(PT)에 관한 설명으로 틀린 것은?

가. 전차선 전원 종류를 탐지한다.

나. M'차 지붕에 장착되어 있다. (4호선 VVVF 전기동차 M차)

다. AC25kV를 AC100V 강압한다.

라. 주회로 제어계통을 전차선 전류에 일치시키도록 지시한다.

해설 계기용 변압기(PT)는 주회로 제어계통을 전차선 전압에 일치시키도록 지시한다.
- PT는 전력계통에 흐르는 대전류, 고전압을 낮추어서 적당한 값으로 전류와 전압을 바꾸어주는 장치.
- CT는 큰 전류를 작은 전류로 바꾸어 주는 것이며, PT는 높은 전압을 낮은 전압으로 바꾸어주는 전력기기.

7. 교류피뢰기(ACArr)

- 교류구간운행 중 낙뢰전압(Serge) 유입 시 전차선 전원을 단전시킨다(개로 한다).
- 외부로부터 급상승 전압(Serge) 유입 시 주회로를 보호하는 기기이다.
- 교류피뢰기와 직류피뢰기는 아크 취소 장치가 없기 때문에 동작할 때 큰 소음이 발생하고, 한번 작동하면 용착되어 복귀가 되지 않는다.
- 모든 ADV 전기동차에는 주회로 과전압 유입에 대한 보호장치로 교류피뢰기(AC Arrester)와 직류피뢰기(DC Arrester)가 있다.
- 이 보호 장치는 Pan이 장착된 차량 지붕 위에 있다.
- 이렇게 동작 후 복귀되지 않으면 MCB(주차단기)를 투입할 때마다 전차선 단전 현상이 발생된다.

예제 다음 중 열차가 교류구간을 운행할 때 외부로부터 차량에 유입되는 낙뢰 등 써지(Surge)를 흡수하여 차량을 보호하는 기기로 맞는 것은?

가. ACArr   나. MCB

다. DCArr   라. MFs

해설 ACArr은 교류구간운행 중 낙뢰전압(Serge) 유입 시 전차선 전원을 단전시킨다(개로 한다).

※ **교류피뢰기(AC Arrester: ACArr)작동원리**
- 전동차가 교류구간을 운전 중 낙뢰 등 외부의 급상승전압(Serge))가 차내로 들어왔을 때 방전하여, 전차선 전원을 접지, 변전소의 급전을 차단 시켜 전기동차 및 기기를 보호하는 기기이다.
- 교류피뢰기가 동작할 경우에는 Pan을 투입하고, MCB 투입 순간 재차 전차선 단전이 일어난다(EGS 경우 Pan 상승 순간 단전).

- AC피뢰기 동작 시 MCB차단은 MCB제어회로에 의한 차단이 아니고 전차선 단전(ACVRTR)에 의해서 차단된다.
- Pan만 상승된 상태에서 전차선 단전이 발생되면 EGS동작에 의한 것이다. MCB투입 후 즉시 전차선 단전이 발생되면 AC피뢰기 동작에 의한 것이다. 설치위치는 M´차(4호선 VVVF차 M차)지붕 위이다.

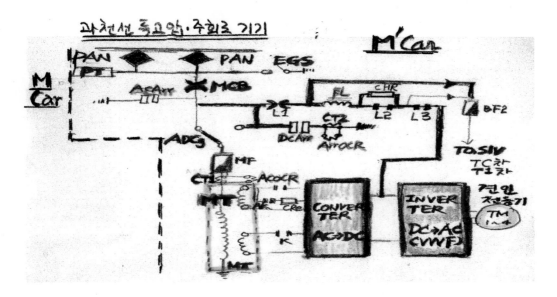

예제 다음 중 열차가 교류구간을 운행할 때 외부로부터 차량에 유입되는 써지를 흡수하여 차량을 보호하는 기기로 맞는 것은?

가. ACArr   나. MCB
다. DCArr   라. MFs

해설 ACArr에 대한 설명이다.

8. 직류피뢰기(DCArr)

- 직류피뢰기(DC Arrester)는 직류구간운행 중 외부로부터 차량기기에 진입하는 급상승 전압(Serge)을 흡수하여 차량을 보호함
- 교류구간 모진 시(허용되지 않은 구간을 진입한 것)에는 절연이 파괴되어 변류기(CT2)를 통해 전류를 검지 MCB를 사고차단하여 주회로를 보호하고 동시에 전차선

전원을 차단함

－직류피뢰기의 동작은 외부 써지(serge)에 의한 것보다는 주로 교류모진에 해서 방전됨

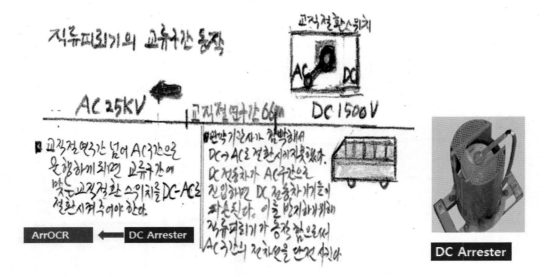

9. 교류과전류 계전기(ACOCR: A.C. Over Current Relay)

－주변압기(MT) 1차측(주변압기 입력전원)으로 과전류가 들어올 때 주차단기(MCB)
  를 차단시켜 주변압기를 보호하는 기기이다.

－전차선과 팬터그래프의 사이가 차량진동 등으로 인하여 순간적으로 이격되거나 차량
  이동 중 주차단기가 투입되는 순간에 급상승 전류(Serge)가 들어올 때에도 ACOCR
  (과전류계전기)가 동작할 수 있다.

－제어회로 상에 주차단기용 시한계전기(MCBTR)의 작용으로 일정 시한(약0.5초) 정
  도의 써지(serge)에서는 주차단기가 차단되지 않도록 한다.

예제 다음 기기 설명 중 틀린 것은?

가. 보조제어함-특고압 관련 계전기 기타 기기 장착

나. CT1-주변압기 1차측에 과전류 발생시 ACOCR를 동작시켜 MCB를 개방

다. CT2-직류구간 운행 중 전차선에 교류 25KV가 혼촉되거나 직류모진 시 동작

라. 주변환기-교류구간에서는 컨버터와 인버터 모두 구동되고 직류구간에서는 인버터만 동작

해설 CT2: 직류구간 운행중 전차선에 교류 25KV가 혼촉되거나 교류모진 시에 동착하여 ArrOCR(피뢰기과
전류계전기)를 동작시킨다.

예제 주변압기 1차측에 설치되어 과전류를 검지하는 기기는?

가. CT1

나. PT

다. MCB

라. DCCT

해설 주변압기 1차측에 설치되어 과전류를 검지하는 기기는 CT1이다.

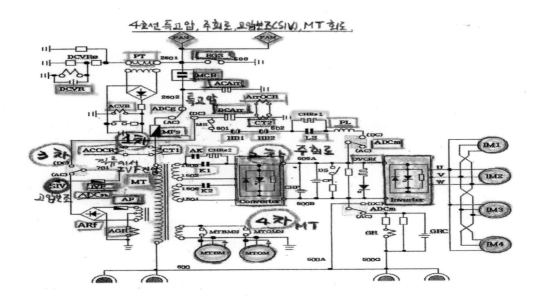

예제 다음 중 VVVF 전기동차의 특고압기기에 관한 설명으로 맞는 것은?

가. 비상접지스위치는 비상상황 발생 시 팬터그래프회로를 직접 접지시켜 전차선을 단락하고 주회
로차단기(MCB)를 개로 시킨다.

나. 직류피뢰기는 직류구간을 운행 중 외부로부터 차량에 유입되는 써지를 흡수하여 차량을 보호
하고, 교류구간 모진 시에는 절연이 파괴되어 변류기(CT2)를 통해 방전전류를 검지MCB를 차
단하여 주회로를 보호하는 기기이다.

다. 주휴즈는 주변압기(MT)를 보호할 목적으로 설치한 기기로 주변압기 2차측 회로에 이상 전류가
흐를 경우 용손되어 주변압기를 보호한다.

라. 주차단기(MCB)는 주회로의 고조파 성분을 통과시켜 전차선의 이상 충격 전압 등을 흡수하여 주변환기의 링크부에 이상전압이 인가되는 것을 방지한다.

> **해설** 직류피뢰기(DCArr)는 직류구간을 운행 중 외부로부터 차량에 유입되는 써지를 흡수하여 차량을 보호하고, 교류구간모진 시에는 절연이 파괴되어 변류기(CT2)를 통해 방전전류를 검지 MCB를 차단하여 주회로를 보호하는 기기이다.

10. 주변압기(Main Transformer: MT) (전압을 변환시키는 장치)

- 교류구간에서 전차선에 공급된 AC25KV를
- AC840V×2로 조정하여 주변환기 컨버터에 공급

전동차용 주변압기 kr.aving.net

- 교류구간에서만 동작하고 직류구간에서는 변압기가 동작을 하지 않음

[변압기 작동원리]

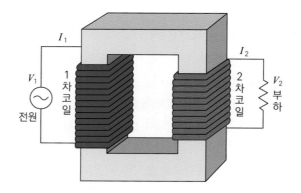

예제 다음 중 4호선 VVVF 전기동차의 M차 지붕 위에 설치되어 있는 장치가 아닌 것은?

가. DCArr   나. PT

다. MCB   **라. MT**

해설 MT는 대차 밑에 설치되어 있다.

11. 접지브러쉬(GB)(저항제어차)

- 접지브러쉬는 귀환전류의 통로로서
- 베어링의 전기적 부식을 방지하기 위하여 설치한다.

예제 다음 중 전동차 주전원의 귀환전류의 통로로서 베어링의 전기적 부식을 방지하기 위하여
설치된 장치는?

가. 교류 및 직류 피뢰기   나. 교류과전류 계전기

다. 접지 브러쉬   라. 팬터그래프

해설 GB(접지 브러쉬)에 대한 설명이다.

12. 보조 제어함(AC Control Box)

- 특고압 관련 계전기 등 기기가 장착되어 있는 함(Box)

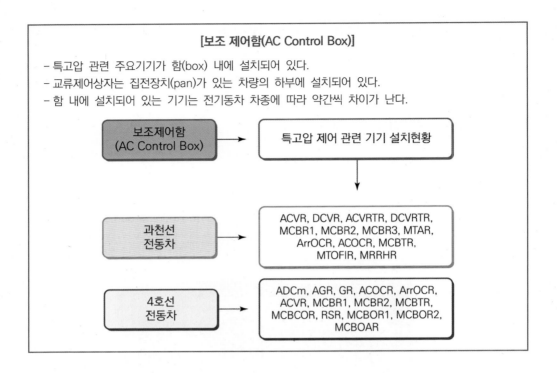

[보조 제어함(AC Control Box)]

– 특고압 관련 주요기기가 함(box) 내에 설치되어 있다.
– 교류제어상자는 집전장치(pan)가 있는 차량의 하부에 설치되어 있다.
– 함 내에 설치되어 있는 기기는 전기동차 차종에 따라 약간씩 차이가 난다.

보조제어함 (AC Control Box) → 특고압 제어 관련 기기 설치현황

과천선 전동차 → ACVR, DCVR, ACVRTR, DCVRTR, MCBR1, MCBR2, MCBR3, MTAR, ArrOCR, ACOCR, MCBTR, MTOFIR, MRRHR

4호선 전동차 → ADCm, AGR, GR, ACOCR, ArrOCR, ACVR, MCBR1, MCBR2, MCBTR, MCBCOR, RSR, MCBOR1, MCBOR2, MCBOAR

예제　다음 중 특고압관련 계전기 등 기타 기기를 장착한 기기는?

가. 계전기제어함　　　　　　　　　나. 보조 제어함
다. 팬터그래프　　　　　　　　　　라. 계기용 변압기

해설　보조 제어함(AC Box)에 대한 설명이다.

13. 필터 리엑터(FL: Filter Reactor)

－주 회로의 고조파 성분을 제거하고
－전차선의 이상 충격 전압을 흡수하여 주변환기의 링크부에 이상 전압이 인가되는 것을 방지하여
－인버터 작동을 양호하게 해주는 기기
－전동차가 DC 1,500V 가선 전압을 받는 DC 구간에서 운행될 때 입력전압에는 많은 고조파 전압성분(리플전압)이 포함되어 있다.

－필터 리액터는 후단에 연결된 필터 캐패시터(CF)와 L－C 필터를 구성하여 DC구간 운행 중 전차선으로 공급되는 고조파 성분(Ripple)을 제거해 준다.

filter reactor railway.hanrimwon.com

예제 다음 중 전기동차 주회로의 고조파 성분을 흡수하고 전차선의 이상 충격 전압 등을 흡수하여 주변환기의 링크부에 이상전압이 인가되는 것을 방지하는 장치는?

가. 교류피뢰기
나. 필터리액터
다. 교류과전류계전기
라. 변류기

해설 필터리액터(FL)에 대한 설명이다.

예제 다음 중 필터리액터(FL)에 관한 설명으로 틀린 것은?

가. 강제통풍 냉방 방식이다.
나. 인버터를 안정적으로 동작시킨다.
다. M′차 지붕에 장착(4호선 VVVF 전기동차는 M차)되어 있다.
라. 직류구간 운행시 주회로의 고주파 성분을 제거한다.

해설 FL은 M′차 지붕 위에 장착되어 있지 않다.

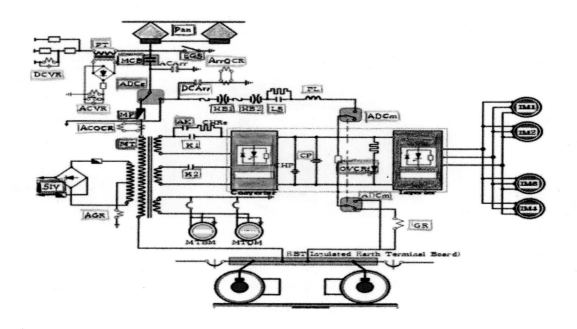

14. 변류기(CT: Current Transformer) (전류를 변환시키는 장치)

- 과전류 보호용 변류기(CT1)은 주변압기 1차 측에 과전류 발생 시 과전류계전기(ACOCR)를 동작시켜 주차단기(MCB)를 개방한다(전류를 조금 다운시킨 다음에 ACOCR을 동작시킨다).
- 모진보호용변류기(CT2)는 직류구간운행 중 전차선에 교류 25KV가 혼촉되거나 교류 모진 시에 동작하여 피뢰기 과전류계전기(ArrOCR)를 동작시켜 MCB를 차단시킨다.
- 기관사의 실념으로 DC구간에서 AC로 바꾸지 않았을 경우 DCArr동작 후 ArrOCR이 연달아 동작한다.

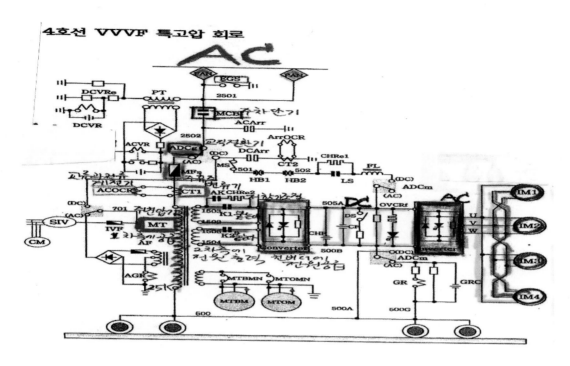

[변류기(CT: Current Transformer)]

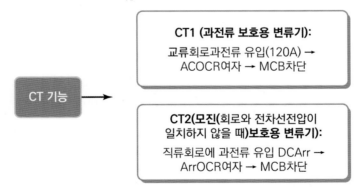

CT 기능 →

CT1 (과전류 보호용 변류기):
교류회로과전류 유입(120A) →
ACOCR여자 → MCB차단

CT2(모진(회로와 전차선전압이 일치하지 않을 때)보호용 변류기):
직류회로에 과전류 유입 DCArr →
ArrOCR여자 → MCB차단

예제 다음 중 주변압기 1차측에 설치되어 과전류를 검지하는 장치는?

가. CT1
나. DCCT
다. MCB
라. PTG

해설 CT1에 대한 설명이다.

예제 다음 중 VVF 전기동차의 특고압기기에 관한 설명으로 맞는 것은?

가. 비상접지스위치는 비상상황 발생 시 팬터그래프회로를 직접 접지시켜 전차선을 단락하고 주회
로차단기(MCB)를 개로 시킨다.

나. 직류피뢰기는 직류구간을 운행 중 외부로부터 차량에 유입되는 써지를 흡수하여 차량을 보호
하고, 교류구간 모진 시에는 절연이 파괴되어 변류기(CT2)를 통해 방전전류를 검지 MCB를 차
단하여 주회로를 보호하는 기기이다.

다. 주휴즈는 주변압기(MT)를 보호할 목적으로 설치한 기기로 주변압기 2차측 회로에 이상전류가
흐를 경우 용손되어 주변압기를 보호한다.

라. 필터 리액터는 주회로의 고조파 성분을 통과시켜 전차선의 이상 충격 전압 등을 흡수하여 주
변환기의 링크부에 이상전압이 인가되는 것을 방지한다.

해설 직류피뢰기(DCArr)는 직류구간을 운행 중 외부로부터 차량에 유입되는 써지를 흡수하여 차량을 보호하
고, 교류구간 모진 시에는 절연이 파괴되어 변류기(CT2)를 통해 방전전류를 검지 MCB를 차단하여 주
회로를 보호하는 기기이다.
– 주휴즈: 주변압기(MT)를 보호할 목적으로 설치한 기기로 주변압기 1차측 회로에 이상전류가 들어올
경우 용손되어 주변압기를 보호한다.

15. 주변환기(C/I)

–컨버터와 인버터를 합친 것으로 교류구간에서는 컨버터와 인버터 모두 구동되고,
–직류구간에서는 교직절환기(ADCg)에 의해 인버터만 동작된다.
–주변환기기기는 M차, M'차에 설치되며 각각 4대의 병렬 제어한다.

[4호선 권선별(측별) AC전원]

① 1차 권선: AC 25,000V → 특고압전원
② 2차 권선: AC 855V × 2 → 주회로 전원(Converter)
③ 3차 권선: AC 1,770V → 보조회로 전원(SIV)
④ 4차 권선: AC 229V → MTBM, MTOM 전원

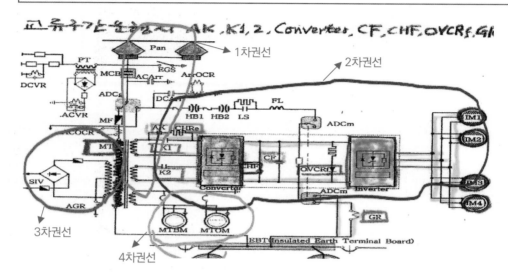

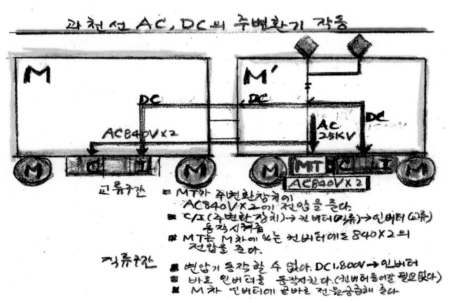

구분	컨버터	인버터
과천선 VVVF 전기동차	• AC25KV의 전압을 주변압기에서 낮추어진 교류전원(AC840V)의 주변환기 컨버터에서 직류 일정 전압(DC1,800V)으로 제어 정류 • 인버터에서 필요한 정전압 정주파수 출력	• 컨버터 또는 가선으로부터 직류 전압을 공급받아 교류유도전동기를 구동하기에 알맞은 교류 3상 전력(AC1,100V)을 출력 • 즉 가변전압 가변주파수를 출력하여 유도전동기를 구동하는 기기
4호선 VVVF 전기동차	• 전차선에서 공급된 AC25KV의 전압을 주변압기에서 낮추어진 교류전원(AC855×2)을 주변환기 컨버터에서 직류 일정 전압(DC1,650V)으로 제어 정류	• 컨버터 또는 직류구간 가선으로부터 직류 전압을 공급받아 교류구간에서는 0~1,250V로 변환 • 직류구간은 0~1,100V로 변환 • 출력 주파수를 0~160Hz로 변환

예제 다음 중 주변환기에 관한 설명으로 틀린 것은?

가. 주변환기는 M차와 M′차에 설치되어 있다.

나. 교류구간에서 컨버터와 인버터는 모두 동작한다.

다. 컨버터와 인버터를 합친 것이다.

라. 주변환기는 4대의 견인전동기를 직렬제어한다

해설 각각 4대의 견인전동기를 병렬제어한다

※ 주변환기(C/I) 설치목적

- 컨버터와 인버터를 합친 것으로 교류구간에서는 컨버터와 인버터 모두 구동되고, 직류구간에서는 교직절환기(ADCg)에 의해 인버터만 동작된다.

- AC전기를 DC로 변환하여 INVERTER에 공급해 준다.
- 구동차(M차, M'차)에 설치되며 4대의 유도전동기를 병렬제어하기 위한 전력을 공급한다.
- 교류구간: 컨버터와 인버터 모두 구동
- 직류구간: 교직절환기에 의해 인버터만 적용

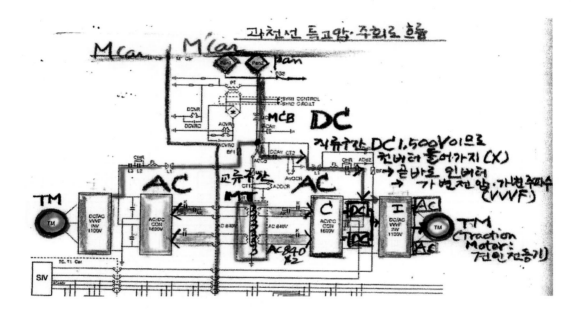

16. VVVF 대차 제원

1) 개요

   (1) 대차 타입: 볼스타레스(Bolsterless)구조, 용접형 대차(볼스터를 없앤 단순구조)

   (2) 대차의 종류: 구동대차(전동기가 있는 대차)와 부수대차(전동기가 없는 대차)

   (3) 대차의 1차 현수 장치(완충역할을 주는 장치): 고무 스프링

   (4) 대차의 2차 현수 장치: 볼스타레스 공기 스프링(Air Spring)채택

[봅스타와 볼스타리레스의 구조비교]

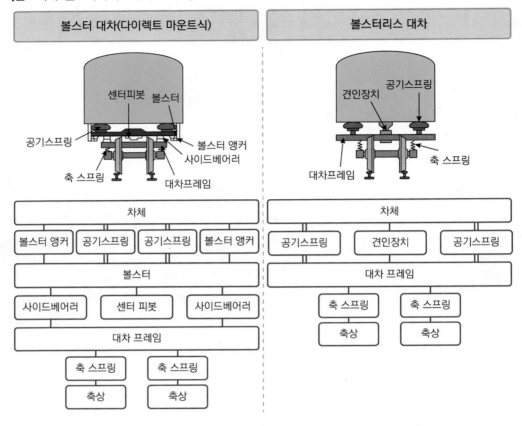

[VVVF 대차 제원]

1) 대차 타입: 볼스타레스(Bolsterless)구조
   용접형 대차(볼스터를 없앤 단순구조)
2) 대차의 종류: 구동대차(전동기가 있는 대 차)와 부수대차(전동기가 없는 대차)
3) 대차의 1차 현수 장치(완충역할을 주는 장치): 고무 스프링
4) 대차의 2차 현수 장치: 볼스타레스 공기 스프링(Air spring) 채택

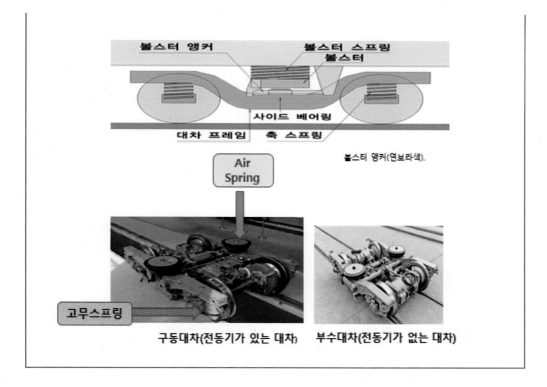

볼스터 앵커　　　　볼스터 스프링
　　　　　　　　　　볼스터

사이드 베어링

대차 프레임　　축 스프링

볼스터 앵커(연보라색).

Air Spring

고무스프링

구동대차(전동기가 있는 대차)　　부수대차(전동기가 없는 대차)

예제 VVVF 전동차의 대차에 대한 설명으로 틀린 것은?

가. 대차타입은 볼스터레스(Bolsterless) 구조의 용접형이다.

나. 구동대차의 기계식 제동장치는 답면제동이고, 부수대차의 경우는 디스크제동이다.

다. 대차의 1차 현수 장치는 원추형 고무스프링이다.

라. 대차의 2차 현수 장치는 헬리컬 스프링이다.

해설 대차의 2차 현수장치는 볼스타레스(볼스터를 없앤 단순구조) 공기스프링(Air Spring)을 채택한다.

예제 다음 중 VVVF 대차의 제원에 관한 설명으로 틀린 것은?

가. 대차의 최대폭은 2,680mm이다.

나. 구동차의 제동배율은 4.47이다.

다. 구동차 대차의 최대길이는 3,394mm이다.

라. 고정축거는 2,100mm이다.

해설 다. 구동차 대차의 최대길이는 2,990mm이다.

2) VVVF 대차 제원

[VVVF 대차 제원]

제원	대차형식	
	구동차	부수차
고정축거(mm)(외우기)	2,100	
차륜 직경(mm)(외우기)	860	
대차 최대 길이(mm)	2,990	3,394(배장기 부착) 2,990(배장기 무)
대차 최대 폭(mm)	2,680	
공기 스프링 취부면 높이(mm)	987	
공기 스프링 좌우 간격(mm)	2,250	
공기 스프링 유효직경(mm)	560	
기초 제동 장치	−답면 편압식 −블록 브레이크 유니트 −합성 제륜자	−차축 디스크 −UIC 브레이크 라이닝 −브레이크 실린더
제동 배율	4.47	3.2
대차 1Set당 중량(kg)	7,400	5,200

예제 다음 중 VVVF전기동차의 대차 제원으로 틀린 것은?

가. 공기스피링 취부면 높이: 987mm   나. 대차 최대 폭: 2,680mm
다. 고정축거: 820mm   **라. 차륜직경: 820mm**

해설 차륜직경: 860mm

예제 다음 중 VVF 전기동차 대차 제원에 관한 설명으로 맞는?

가. 부수차기초제동장치 답면편압식이다.   **나. 구동차제동배율은 4.47이다.**
다. 대차의 최대폭은 2,100mm이다.   라. 대차의 1차 현수장치는 볼스타스프링이다.

해설 구동차제동배율은 4.47이다.

예제 다음 중 VVVF 대차의 제원에 관한 설명으로 틀린 것은?

가. 볼스타레스 구조형 주강대차 타입이다.

나. 1차 현수장치는 고무스프링을 사용한다.

다. 2차 현수장치는 볼스타레스 유압스프링을 사용한다.

라. 부수대차로 구분된다.

해설 대차의 2차 현수 장치: 볼스타레스 공기 스프링 채택

예제 VVVF차 대차 제원으로 맞는 것은?

가. 대차의 제1현수장치: 볼스타레스 공기스프링

나. 차륜직경: 850M

다. 구동차의 대차 최대길이: 3,394M

라. 부수차의 제동배율: 3.2

해설 VVVF차 부수차의 제동비율은 3.2이고, 구동차의 제동배율은 4.47이다.

17. 밀착연결기

[밀착연결기]

• 차량을 연결하는 장치로 연결면 간에 빈틈이 없도록 밀착시키고,

• 동시에 공기관이 연결되는 연결기

(도시철도에서는 역간 거리가 짧아 급가속과 급감속이 빈번하게 일어난다. 빈틈이 없도록 밀착연결기로 연결해주어 소음이 발생되지 않고, 공기 등이 세어 나가지 않도록 해야 한다.)

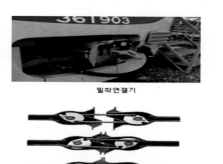

밀착연결기

예제 **다음 중 밀착연결기에 관한 설명으로 틀린 것은?**

가. 연결 면이 서로 밀착하여 전후 전동에 따라 충격이 작다.

나. 차량의 분리와 연결이 용이하도록 연결기에 공기관을 함께 설치하였다.

다. 차량 간의 완충역할을 할 수 있도록 연결 면에 일정한 간격으로 두었다.

라. 대부분의 전동차에 사용한다.

해설 밀착 연결이란 연결 면에 간격이 없도록 만든 것이다.

제2절 주요 장치 구성 및 기능

1. SIV(Static Inverter: 정지형 인버터) 장치(보조전원장치)

1) 정지형 인버터: 전기동차의 보조전원 공급장치

2) 전동차의 냉방장치, 난방장치, 조명장치, 기타 제어장치에 전원을 공급하는 역할

3) SIV는 고압보조회로의 직류전원을 받아서 인버터회로를 통해 3상 교류 440V 60Hz 전원(과천선 차량 440V, 4호선 차량380V)으로 변환하여 공급하는 역할

[SIV의 역할]

1. SIV에서 발생한 AC380V 60Hz를 CM구동 및 냉난방장치에 직접 공급한다.

2. 전원을 변환하여 점등장치와 저압회로에 공급한다.

[4호선 권선별(측별) AC전원]

① 1차 권선 : AC 25,000V → 특고압전원

② 2차 권선: AC 855V × 2 → 주회로 전원(Converter)

③ 3차 권선: AC 1,770V → 보조회로 전원(SIV)

④ 4차 권선: AC 229V → MTBM, MTOM 전원

교류구간운행시 AK, K1, 2, Converter, CF, CHF, OVCRf, GR

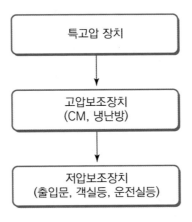

1차권선
2차권선
Pan
PT
EGS
MCB ACArr ArrOCR
DCVR
ACVR
ADCg
DCArr
MF
HB1 HB2 LS
FL
ACOCR
AK CHRe
ADCm
MT
K1
IM1
IM2
SIV
K2
CHF CF
OVCRf
Converter
Inverter
ADCm
IM3
AGR
IM4
3차권선
MTBM MTOM
GR
4차권선
EBT(Insulated Earth Terminal Board)

```
┌─────────────────────────────┐
│        특고압 장치           │
└─────────────────────────────┘
              │
              ▼
┌─────────────────────────────┐
│       고압보조장치          │
│      (CM, 냉난방)           │
└─────────────────────────────┘
              │
              ▼
┌─────────────────────────────┐
│       저압보조장치          │
│  (출입문, 객실등, 운전실등)  │
└─────────────────────────────┘
```

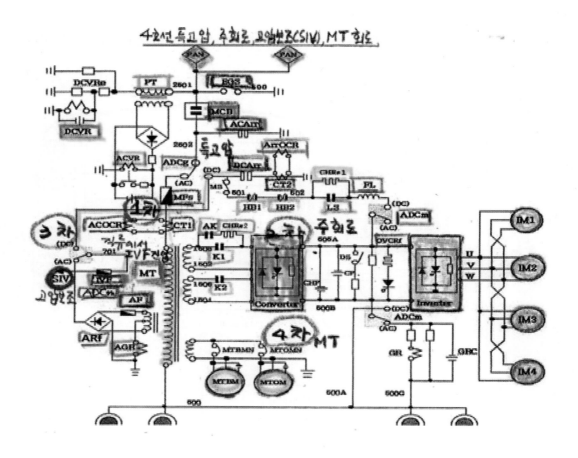

[전동차의 기동 과정]

1) 최초에 기관사가 제동 핸들을 꽂으면 배터리 전압을 통해 103선이 가압된다.
2) ACMCS스위치를 누르면 M차에 있는 ACM이라는 보조공기압축기가 작동(녹색 등 깜빡이다 멈춤)
3) 이때 PanUS를 누르면 Pan상승
4) 전차선 전원을 받을 수 있게 된다.
5) MCB(주차단기) 투입되면 전원이 내려와서 MT(주변압기)쪽으로 들어간다.
6) MT에서는 주변환기(C/I), 그리고 SIV를 동작시킨다.
7) SIV가 전류를 받으면 Bat를 계속적으로 충전시키고, CM공기압축기가 동작
8) SIV가 작동되면 난방, 냉방장치가 동작

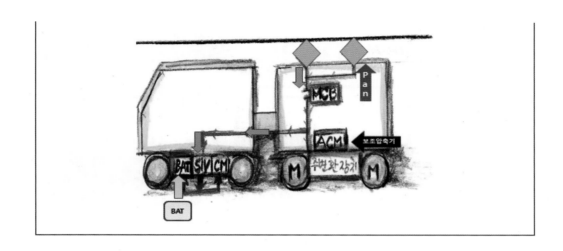

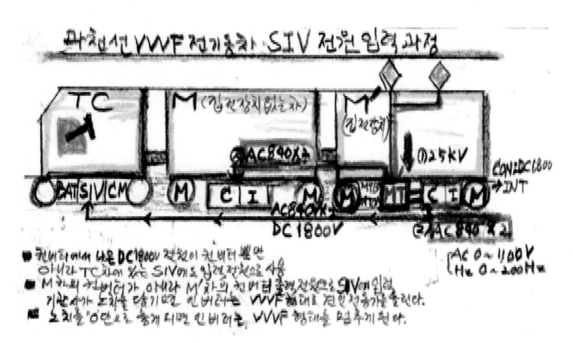

과천선 VVF 전기동차 SIV 전원 입력 과정

- 전비하에서 나온 DC1800V 전원이 친비터 뿐만 아니라 TC차에 있는 SIV에도 입력전원으로 사용
- M차내 친비터가 아니라 M'차의 친비터 출력전원으로 SIV에 입력 기관사가 노치를 당기면 인버터는 VVVF 해머 진한전흥가를 출린다.
- 노치를 "0"단으로 춤게 되면 인버터는 VVVF 형태를 멈추게 된다.

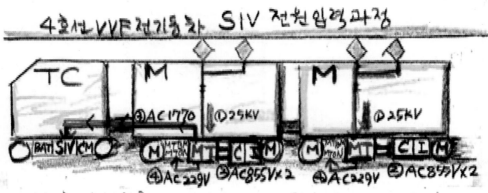

4호선 VVF 전기동차 SIV 전원입력과정

- ④AC1770 ①25KV ①25KV
- ④AC229V ③AC855V×2 ④AC229V ②AC855V×2

■ M차 주변압기 3차측이 AC1770V가 나와서 SIV에 전원공급.
  (과천선 처럼 전 버터를 거치지 않는 것이 큰 차이점.)
■ MT4차측의 MTBM(現)MTOM(2일 B러)를 돌리게된다.

과천선 VVVF 전기동차 교류구간 특고압 회로 보조회로 전원 (컨버터→SIV)

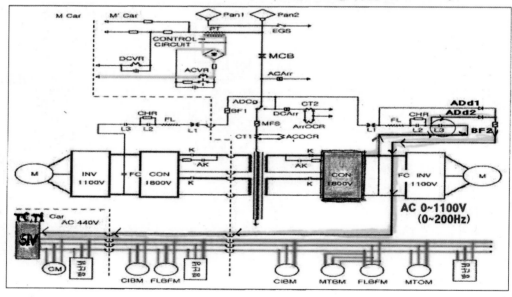

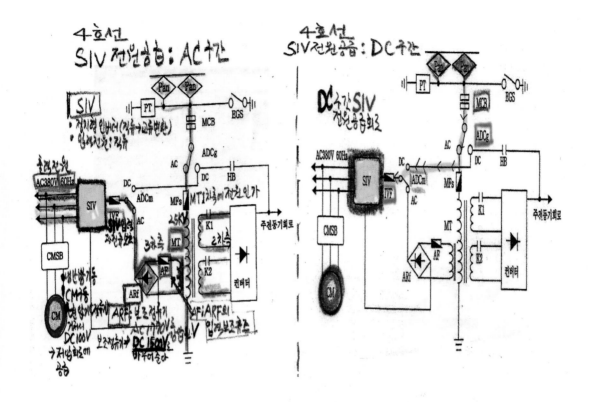

다음 중 정지형 인버터(SIV)에 관한 설명으로 틀린 것은?

가. 견인전동기에 전원을 공급한다. 나. 직류전원을 공급받아 교류전원을 출력한다.

다. 보조전원 공급 장치이다. 라. 3상 440V 60Hz의 전원을 공급한다.

해설 정지형 인버터(SIV)는 전동차량의 냉방장치, 난방장치, 조명장치, 기타 제어장치에 전원을 공급하는 역할을 한다.

※ SIV 왜 필요한가?
  (1) 전차선 전원만으로는 전동차의 저압회로에 바로 전원을 공급하여 사용할 수 없다.
  (2) 따라서 전차선에서 구전한 전원으로 SIV를 가동하여 각종 부하가 요구하는 적절한 전원으로 변환시켜주는 장치가 필요하다. 이 장치가 SIV이다.

[SIV 기능]
(1) 정지형 인버터: 전기동차의 보조전원 공급장치
(2) 냉방장치, 난방장치, 조명장치, 기타 제어장치에 전원을 공급
(3) 고압보조회로의 직류전원을 받아서 인버터회로를 통해 3상 440V(과천선차량) 60Hz 전원으로 변환하여 공급(4호선 차량은 3상 380V)

2. CM(공기압축기: Compressor Motor) 장치 주요기기

1) CM이란?

(1) 전동차는 제동장치, 출입문 제어, Pan상승, 제어장치, 기적, 운전 제어 등에 압력 공기가 필요하므로 대용량의 공기압축기를 장착하고 있다.

(2) 4호선 ADV 전동차의 CM은 SIV에서 발생된 AC 380V(과천선: AC440V)전원으로 구동 하는 유도전동기로서 자체 기동장치(CMSB)에서 인버터에 의한 제어(Soft Start)를 하여 주접촉기 등을 보호한다.

(3) CM은 CM-G(공기압축기 조압기)와 동기구동회로에 의하여 구동되고 CM-G(공 기압축기 조압기) 조정압력은 8-10Kg/㎠으로 되어 있다.

CM
COMP라고 쓰여 있는 것을 보면 콤프레샤, 공기압축기이다.
대전도시철도 1000호대 전동차 하부기기

2) CM(공기압축기)장치 주요기기

1) 전동기: DC1500V 전원을 받아 회전하는 직류직권전동기를 설치하여 30분 정격으로 되어 있는 차종과 AC380V의 전원(SIV에서 받음)을 받는 3상 농형유도 전동기가 설치된 차종이 있다.

2) 압축기: 전동기의 회전력을 직접 치차를 거쳐 크랭크 축을 회전하여 저압 실린더 및 고압 실린더에 의해 공기를 2단 압축하는 방식과 압축 시 소음을 줄이기 위하여 오일과 공기를 혼합하여 압축하는 스크류방식의 차종으로 구별된다.

3) 동기구동: 여러 개의 CM을 동시에 압축을 시작하고 멈춤도 동시에 하도록 하여 부하 편중을 방지한다(10량 1편성에 한꺼번에 동작하여 공기를 만들어 내기 위해 3개 CM이 한꺼번에 작동하고, 동시에 꺼진다).

4) 공기건조기: 마이크로 오일 필터로 되어 있으며 이곳을 통과하면 오일과 수분이 제거된다.(겨울철에 공기만드는 과정에서 물이 발생되어 얼 수 있기 때문에 건조기가 필요하다)

5) 안전변: CM-G 또는 제어회로의 이상으로 압축공기가 세트 치 이상이 되면 토출하여 기기를 보호하는 장치이다. 보통 조정압력은 8~10Kg/㎠이 필요한데, CM에 이상이 발생되어 세트치 이상의 공기를 만들어 내면 팽창되어 공기관이 터지거나 하는 등의 문제가 발생된다. 이때 안전변이 동작해서 공기를 토출시켜서 기기를 보호한다.

[전동차의 기동 과정과 CM]

1) 첫 단계: 최초에는 배터리전원으로 전동차를 기동 → 배터리가 연결되어 최소 전원이 확보
2) M차에 있는 ACM이라는 보조공기 압축기가 작동
3) 공기를 지붕 위로 보냄
4) Pan 상승
5) 전차선 전원을 받을 수 있게 된다.
6) MCB(주차단기) 투입되면 전원이 내려와서 주회로 가고
7) SIV까지 전원이 전달
8) SIV가 작동하면 CM공기압축기가 작동
9) SIV가 배터리를 계속적으로 충전
10) SIV가 작동되면 난방, 냉방장치가 작동
11) SIV가 CM에 전원을 주면 CM은 제동장치, 출입문, Pan상승, 제어장치, 운전제어 등에 압력공기를 준다.

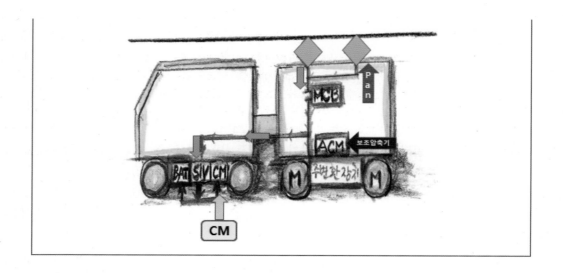

다음 중 공기압축기의 구성품에 대한 설명으로 틀린 것은?

가. 전동기: AC380V 3상 농형유도전동기를 사용한다.

나. 압축기: 저압 및 고압실린더에 의한 2단 압축방식을 사용한다.

다. 공기건조기: 압축된 공기를 식히는 역할을 한다.

라. 안전변: 압축공기가 설정치 이상이면 토출하여 기기를 보호한다.

해설 공기건조기는 마이크로 오일 필터로 되어 있으며 이곳을 통과할 때 오일과 수분을 제거한다.

3. 모니터 장치(TGIS: Train General Information System) (TCMS는 TGIS보다 발전된 방식)

1) TGIS란?

1) 모니터 시스템은 각종 기기의 동작정보를 수집하여 기록하며 승무원에게 표시장치의 표시정보를 제공한다.

2) 열차운행 중 방송 및 객실안내표시 등의 기기를 제어하여 승객에게 역 정보 및 안내방송을 제공한다.

3) 승무원의 운전취급사항을 실시간으로 저장한다.

4) 지상설비

(1) 모니터시스템에 저장된 데이터를 컴퓨터를 이용하여 분석하는 설비

(2) 운행 DIA 및 기타 기기의 제어를 위한 DATA를 편집하는 시스템

5) 편집된 데이터는 IC메모리 카드를 통해 모니터 시스템에 저장된다.

TGIS: Train General Information System

예제 **다음 중 모니터 장치(TGIS)의 기능이 아닌 것은?**

가. 서비스기기 제어기능   나. 무인운전 제어기능

다. 승무원 지원기능   라. 검수 지원기능

해설 모니터장치(TGIS)의 기능: ① 승무원 지원기능, ② 서비스 기기 제어기능, ③ 검수 지원기능

예제 **다음 중 모니터 장치(TGIS)에 관한 설명으로 틀린 것은?**

가. 승무원의 운전취급 상황을 실시간으로 저장한다.

나. 열차 운행 중 방송 및 객실안내표시 등의 기기를 제어하여 승객에게 정보를 제공한다.

다. 차량 운행 중에 발생되는 고장을 수집하여 관제사에게 무선으로 고장내용을 통보한다.

라. 각종 기기의 동작정보를 수집기록하며, 승무원에게 정보를 제공한다.

해설 TGIS: 고장 발생 시 기기동작 및 차량상태를 기록하는 등 승무원의 운전취급상황을 실시간으로 저장한다. 관제사에게 무선으로 통보해 주지는 않는다.

예제 다음 중 전동차의 주요기기 제어와 감시기능을 하는 기기는?

가. OBCS   나. TGIS

다. TDCS   라. ATCS

해설 모니터장치(TGIS: Train General Information System)에 대한 설명이다.

[TGIS(Train General Information System) 구성]

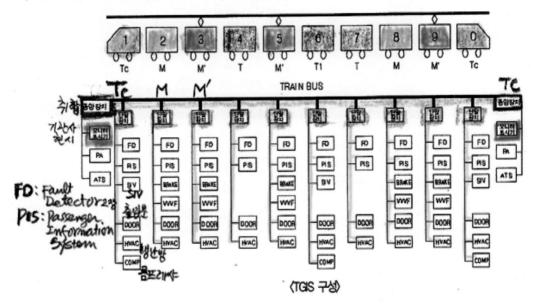

〈TGIS 구성〉

[열차운행다이어(Diagram for Train Scheduling)]

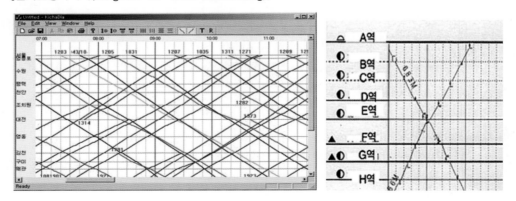

2) TGIS의 모드(Mode)와 기능

(1) 승무원 지원기능(승무원들이 보다 편리하고 안전하게 운전할 수 있도록 지원)

① 출고확인 기능(TGIS가 자동으로 간단한 출고 전 검사)

② 운전자 상태표시

③ 고장표시 및 처치표시(고장 표시뿐 아니라 고장을 어떻게 조치해야 하는 방법도 표시)

④ 냉난방 자동 온도제어

⑤ 화재경보기능

(2) 서비스기기 제어기능

① 열차번호

② 행선표시기 표시지령

③ 차내안내표시기 표시지령

④ 자동방송장치의 지점정보 지원

(3) 검수 지원기능

① 고장 시 기기동작 및 차량상태 기록(차량이 들어오면 검수원들이 다운로드 받아 점검할 수 있도록 안내)

② 대상기기의 Logger 데이터 수집, 운전데이터기록

③ 제동장치, 보조전원잔치, 주변환경장치 시험

④ 출입문 닫힘 시간 측정시험, 차내안내표시기 시험

※ 데이터 로거(Data Logger): 데이터를 기록, 저장하는 데 사용할 수 있는 모든 장치를 의미한다.

예제 다음 중 TGIS의 승무원 지원기능에 해당하지 않는 것은?

가. 주변환장치 제어　　　　　　　　　　　나. 화재경보 기능

다. 고장표시 및 처치표시　　　　　　　　　라. 냉난방 자동온도제어

해설 TGIS기능: (1) 운전자 상태 표시 (2) 고장표시 및 처치표시 (3) 냉난방 자동온도제어 (4) 화재경보 기능 (5) 출고확인기능

예제 다음 중 모니터 장치(TGIS)의 기능이 아닌 것은?

가. 서비스기기제어기능

나. 무인운전 제어기능

다. 승무원 지원기능

라. 검수 지원기능

해설 **[모니터장치(TGIS)의 기능]**
① 승무원 지원기능
② 서비스기기제어기능
③ 검수 지원기능

예제 다음 중 전동차의 계기류에 대한 설명으로 맞는 것은?

가. 전차선 전류계: 주회로에 공급되는 전압 현시

나. 전차선 전압계: 견인전동기에 공급되는 전압 현시

다. 공기 압력계: 해당 TC차의 제어공기 압력 및 제동관 압력 현시

라. 축전지 전압계: 양쪽 TC차의 103선에 인가되는 전압 현지

해설 축전지 전압계: 양쪽 TC차의 103선에 인가되는 전압 현지

[9호선 웹진]

예제 운전실에 설치된 모니터 화면을 통하여 전차의 운행정보 및 주요기기의 동작상태를 승무원
이 감시할 수 있도록 해주는 장치는?

가. TGIS

나. TCMS

다. ADU

라. TWC

해설 **[TCMS(Train Control and Monitoring System)]**
- TCMS는 열차 종합 관리장치로서 TGIS보다 한 단계 더 발전된 시스템이다. 최신의 반도체 기술, 소프트웨어 기술과 데이터 커뮤니케이션 기술을 이용한 중앙 집중식 차내 정보제어(Centralized control of on-board information)를 위한 마이크로 컴퓨터 시스템이다.
- TCMS는 기존 TGIS가 가지고 있던 운전사 지원 및 차량 상태현시 기능을 확대하여 열차(즉 전동차) 내의 모든 시스템을 일괄적으로 감시, 제어하는 기능을 추가시킨 형태의 열차 종합 관리장치이다. 따라서 1인 및 무인승무에 적합한 형태를 감안하여 자체적인 판단능력이 강화되어 있는 것이 특징이다. 특히 차량간을 연결하는 데이터 송신 케이블의 수를 획기적으로 줄일 수 있어 전체적인 비용 저감 효과도 있다.

예제 **다음 중 TCMS 장치의 내부 감시 및 처리 기능이 아닌 것은?**

가. 데드맨 감시 기능   나. 응하중 연산 기능
다. 제동력 부족 감시 기능   **라. 제동불완해 강제 완해 기능**

해설 제동불완해 강제완해 기능은 TCMS 내부 감시 및 처리기능에 해당되지 않는다.

예제 **다음 중 설명 중 맞는 것은?**

가. 주차단기는 주변압기 1차측 회로에 이상전류가 들어올 경우 용손되어 주변압기를 보호하는 역할을 수행한다.
나. 전기동차의 최고속도는 80km/h이고 표정속도 35km이다.
다. TCMS는 운전관련 제어기능과 운전지원 및 차량검사 지원을 하는 차량관리시스템이다.
라. 방송장치의 최우선 순위는 승객의 비상통화이다.

해설 가. 주차단기는 주변압기 1차측 회로에 이상전류가 들어올 경우 신속하고 안전하게 차단한다.
나. 전기동차의 최고속도는 100km/h이고 표정속도 35km이다.
라. 방송장치의 최우선 순위는 관제사 대 승객방송이다.

예제 TCMS 내부감시 설명 중 맞지 않는것은?

가. 운전자안전장치(DMS) 검지 3초후 부저를 울리고 8초 후 비상제동 체결

나. 접지위치와 서비스 위치 중 어떠한 신호도 입력되지 않은 상태가 8초 이상 지속시 고장현시

다. 어떠한 제동명령 없이 BCPS의 설정값 이상의 상태가 5초 이상 지속시 역행차단

라. 비상모드에서 M/C 손잡이를 놓으면 안전운행을 위한 경고 시스템 수행

해설 DMS(운전자안전장치): 운전중 출력제어기(PS)에서 손을 놓을 경우 DMS가 개방되어 DMR 무여자에 의해 경고음이 울린다. 이때 5초 내에 다시 출력제어기 핸들을 누르거나(DMS ON), 제동취급을 하지 않으면 DMTR(운전자 안정장치 시한계전기)이 개로되어 비상제동이 걸린다.

4. ATS(Automatic Train Stop: 열차자동정지장치)(운전보안장치)

[ATS란?]

ATS는 열차 운행 중 제한 속도보다 과속하는 열차를 자동적으로 정지시키는 장치

[ATS 작동 절차]

- 해당 신호의 지정된 제한속도를 초과 또는 신호체계를 무시하고 운행하는 경우
- 지상장치로부터 수신되는 지시속도와 운행 중인 열차속도를 비교하여 열차가 과속 상태이면 기관사에게 경보, 주의한다.
- 경보주의 후 기관사가 3초 이내에 적절한 조치를(기관사가 4스텝 이상을 취급하게 되면 오케이!!) 취하지 아니하면
- 비상제동장치를 작동시켜 열차를 자동 정지시킴으로써 열차의 추돌사고를 방지하기 위한 안전장치이다.

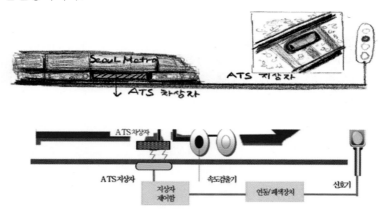

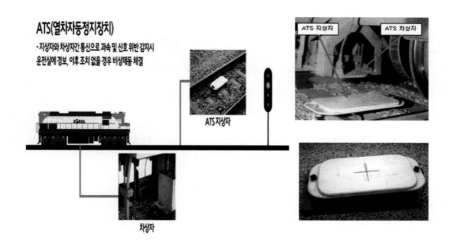

1) ATS구성

- ATS 차상장치는 차상자, 수신기, 속도조사부, 계전기논리부, 속도발전기, 표시부, 전원부 기타 부속품으로 구성된다.

예제 다음 중 ATS 차상장치의 주요 구성품이 아닌 것은?

가. 속도조사부　　　　　　　　　　나. 수신부
다. 차상자　　　　　　　　　　　　**라. 위성신호 수신부**

해설 ATS차상장치는 차상자, 수신기, 속도조사부, 계전기논리부, 속도발전기, 표시부, 전원부, 기타부속품으로 구성된다.

2) ATS속도제어방식

① 제한속도를 초과하면 경보(적색등 표시 및 경보 벨 동작)발하며, 3초 이내에 제동변핸들을 67도 이상의(4스텝 이상(제동: 1~7단까지))의 위치에 이동하여야 한다. 만일 3초 이내에 취급을 하지 아니하면 비상제동이 걸린다.

② 비상제동이 체결되면 제동변 핸들을 비상위치(1~7단, 비상)로 하여 열차를 정차시킨 후 완해하면 된다.

③ R1 또는 R0 구간에 진입하면 즉시 비상제동이 체결되고 경보 벨 및 표시등이 점등된다.

④ R1구간(허용정지)에 진입할 때에는 일단 정지 후 15K/H스위치를 취급하고 운전하며, 15K/H를 초과 시는 즉시 비상제동이 체결된다.

⑤ R1구간에서는 15K/H 스위치를 취급하고 운전 시는 차임 벨이 동작되고 정지신호 이외의 신호기를 통과하면 자동 복귀된다.

⑥ R0구간(절대정지)진입 시에는 일단 정지 후 (관제사의 승인을 득한 후에) 특수스위치(ASOS)를 취급하여 1회에 한하여 45K/H이하의 속도로 운전 가능하며 속도 초과 시는 비상제동이 체결된다.

예제 다음 중 ATS 장치의 속도제어방식에 관한 설명으로 틀린 것은?

가. 15km/h 스위치를 취급하고 운전할 때에 차임벨이 동작되고 정지신호 이외의 신호기를 통과하면 자동 복귀된다.

나. 제한속도를 초과하면 경보를 발하며, 3초 이내에 제동변핸들을 45도 이상의 위치에 이동하여야 한다.

다. R1 또는 R0 구간에 진입하면 즉시 비상제동이 체결되고 경보벨 및 표시등이 점등된다.

라. R0구간 진입 시는 일단정지 후 특수운전스위치(ASOS)를 취급하여 1회에 한하여 45km/h 이하의 속도로 운전 가능하며 속도를 초과하였을 때에는 비상제동이 체결된다.

해설 제한속도를 초과하면 경보(적색등표시 및 경보벨동작)를 발하며, 3초 이내에 제동변핸들을 67도 이상의 위치에 이동하여야 한다.

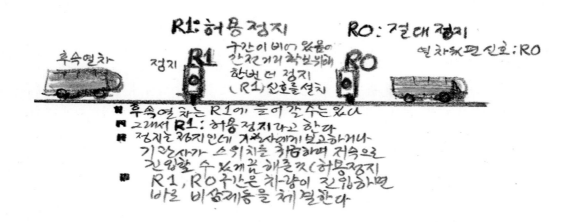

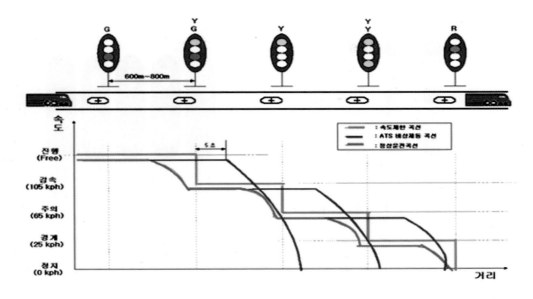

3) 4현시: 전동차(속도조사식)

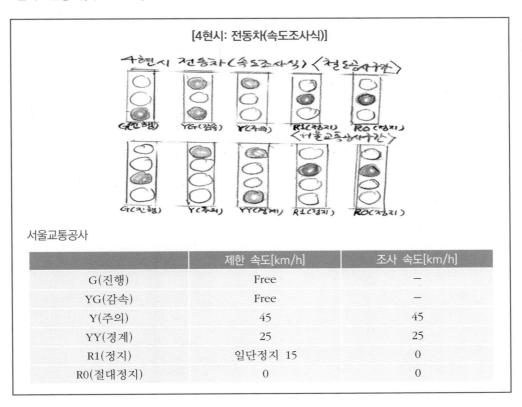

[4현시: 전동차(속도조사식)]

서울교통공사

	제한 속도[km/h]	조사 속도[km/h]
G(진행)	Free	−
YG(감속)	Free	−
Y(주의)	45	45
YY(경계)	25	25
R1(정지)	일단정지 15	0
R0(절대정지)	0	0

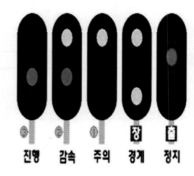

4) 열차제어시스템 비교

[열차제어 시스템 비교]

구분	ATS(Automatic Train Stop)	ATC(Automatic Train control)	ATO(Automatic Train Operation)
용어 설명	• 열차가 지상신호기의 지시속도를 초과 또는 무시하고 운행할 경우 • 자동으로 정지 또는 수동으로 감속하는 장치(속도 초과 시 경고음이 울리고 기관사가 4스텝 이상을 취급해야 속도가 떨어진다)	• 궤도에서 열차의 운전 조건을 연속적으로 자상으로 전송하여 차내신호기가 있는 차 안에서 지상의 속도주파수를 받음 (기관사는 지시속도 이하로 운전) • 허용속도 초과 시 자동으로 열차속도를 제어하는 장치(경고음 발생과 동시에 자동으로 속도를 지시속도 이하로 낮추어줌)	• 자동 및 무인운전이 가능한 방식으로 • 차량 견인, 제동, 출입문 개폐, 객실방송의 시스템에 의한 자동 제어 • ATC기반에 자동운전장치(자동으로 열차를 가감속할 수 있도록)까지 추가 포함시킴
설치 구간	국철 전 선구 (100%)	과천, 분단, 일산선, 경부고속철도, 서울교통 3,4호선	서울교통공사 5~8호선 광역시 지하철

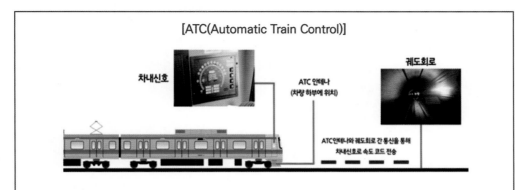

[ATC(Automatic Train Control)]

차내신호

궤도회로

ATC 안테나
(차량 하부에 위치)

ATC안테나와 궤도회로 간 통신을 통해
차내신호로 속도 코드 전송

ATC(열차자동제어장치)

지상자 대신에 선로 아래에 궤도회로를 설치, ATC 안테나와 궤도회로의 통신을 통해 운전실 차내신
호기에서 실시간으로 제한 속도 확인 가능

열차 과속 감지 시 제한 속도까지 상용제동을 통하여 감속, 기관사가 제동 취급 등의 조치를 취하지
않을 경우 비상제동 체결

예제 다음 중 시스템 안전도 비교에 있어 ATC방식에 관한 설명으로 틀린 것은?

가. 지상자에서 올라오는 점속도를 기준으로 한다.

나. 전방 궤도의 변화에 민감하다.

다. ATS방식에 비해 높은 안전도를 가지고 있다.

라. 차내신호방식이다.

해설 [ATS]: 점제어방식이므로 기관사는 운전 중 지상신호기의 현시를 확인해야 한다. ATS는 지상자를 통
과할 때만 지상의 정보를 받을 수 있다. 그 것을 점제어라고 한다.

[ATC]: 차내 신호방식으로 45km/h 이상의 최고속도에서도 과속운전 시(ATS에서는 45km/h 속도까
지만 감지를 할 수 있다. 만약 제한속도가 65km/h인데 기관사가 70km/h로 달리면 그것은 ATS가 제
어하지 못한다. 그러나 ATC는 65km/h 이상의 속도도 감지할 수 있다.) 과속 경보 후 3초 이내에 반
응하여 속도 이하로 감속시킨다.

5. 제동장치

전기동차에 장착된 제동장치는

① 저항제어차 → SELD형 제동장치이고,

② VVVF인버터 제어차 →HRDA형 및 KNORR 제동장치이다.

[SELD형 제동장치]

－SELD(Straight Electronics Load Dynamics)형 제동장치는 전자직통제동과 발전제동을 병용 체결하는 제동장치이며 자동제동장치도 부가적으로 설치하여 사용하고 있다.
－구동차: 발전제동 사용, 부수차: 공기제동 사용

SELD형 제동 = [전자직통제동 + 발전제동]

예제 다음 중 저항제어차량에 장착되어 전자직통제동과 발전제동을 병용 체결하는 제동장치는?

가. SELD형

나. KNORR형

다. HRDA형

라. ERE형

해설 SELD형 제동장치에 대한 설명이다.

예제 다음 중 전자직통제동과 관계 있는 제동장치는?

가. SELD형

나. P4a형

다. KNORR형

라. HRDA형

해설 － SELD(Straight Electronics Load Dynamics): 직류직권 전기동차 제동장치
　　 － HRDA(High Response Digital Analog): VVVF 전기동차 제동장치
　　 － KNORR(독일제동장치 제조회사): VVVF 전기동차 제동장치
　　 ※ HRDA와 KNORR제동장치는 공기제동과 전기회생제동을 일괄교차제어(Cross Blending)하는 방식으로 VVVF전기동차에 장착된 최첨단제동장치이다.

예제 다음 중 인버터제어차 정차 시 제동취급으로 거리가 먼 것은?

가. 상용 및 비상제동 고장 시 보안제동을 사용한다.

나. 최초 상용제동은 2스텝으로 하고 추가제동 시 4스텝 이내를 원칙으로 한다.

다. 상용제동이 작동하지 않을 때는 보안제동을 사용할 수 있다.

라. 정차 직전 상용제동 핸들위치는 1스텝을 원칙으로 한다.

해설 가. 상용 및 비상제동의 효과가 없을 때 보안제동을 사용한다.

나. 최초 상용제동은 2스텝으로 하고 추가제동 시 4스텝 이내를 원칙으로 하고 더욱 큰 감속도를 필요로 할 때는 7스텝 이내로 한다.

다. 상용제동이 작동하지 않을 때는 비상제동을 사용한다. 보안제동은 비상제동이 작동하지 않을 때 사용한다.

라. 정차 직전 사용제동 핸들 위치는 1스텝으로 한다. 상용제동핸들의 조작은 최초 2스텝으로 하며, 추가제동시 4스텝 이내로 하고, 더욱 큰 감속도를 필요로 할 때는 7스텝 이내로 한다.

[학습코너]

발전제동

- 평소에 바퀴를 회전시켜 주던 주 전동기는 회로를 약간만 변경시키면 발전기로 변한다.
- 이때 지금까지 회전하던 방향과 반대방향으로 회전하려는 힘, 즉 제동력이 생긴다.
- 이 원리를 이용하면 기계적 제동장치의 최대 약점인 부품의 마모나 마찰면의 발열 등이 나타나지 않는 전기제동이 가능하다.

발전제동 작동원리

- 발생 전력을 저항기에 흐르게 해 발열 소비시켜, 모터에 회전 저항을 일으키게 하고 제동력을 얻는다. 제동력의 성능은 저항기의 용량에 따라 변화한다.
- 철도 차량에서는, 연속 구배 구간의 등판 시나 정차 시의 강력한 제동력 확보에 용이하기 때문에 전동차나 전기 기관차에 발전 브레이크가 자주 이용되고 있다.
- 회생 브레이크보다 회로 구성이 단순하다. 열차 수가 적은 지역 노선에서는, 가선 전압이라는 외부 요소에 의존하는 회생 브레이크를 사용하는 것보다 자차(自車) 단독으로 안정된 제동력을 얻을 수 있는 발전 브레이크가 바람직하다.

[발전제동]

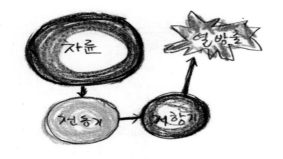

- 운행 중 빠르게 회전하는 전동기를 전기의 역할로 바꿔주어 운동에너지를 열에너지로 전환시킨다.
- 고속에서 제동력이 우수하여 디젤, 전기 기관차에서 채택한다.
- 다만 회전력이 떨어지는 저속의 경우 제동효과가 저하된다.

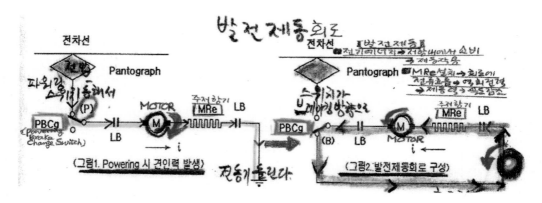

[HRDA형과 KNORR 제동장치]

HRDA형과 KNORR 제동장치는 디지털 전기지령에 의한 공기제동(T차: 부수차)과 전기회생제동(M차: 구동차)을 일괄 교차제어(Cross Blending)하는 방식으로 VVVF전기동차에 장착된 최첨단 전기동차이다.

HRDA형과 KNORR 제동 = 공기제동 + 전기회생제동

[학습코너]

회생제동
- 제동취급 시 발전된 전기에너지를 전압보다 높게 승압시켜
- 변전소 및 다른 전동차에 되돌려 보내는 것을 회생제동

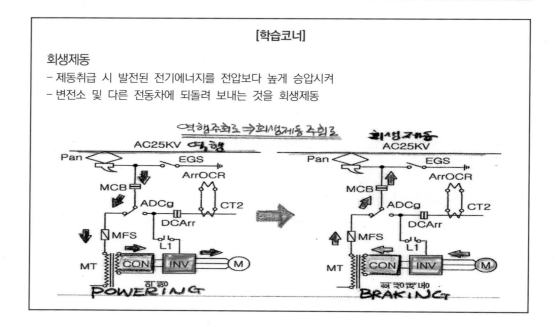

1) SELD(Straight Electronics Load Dynamics)형 제동방식

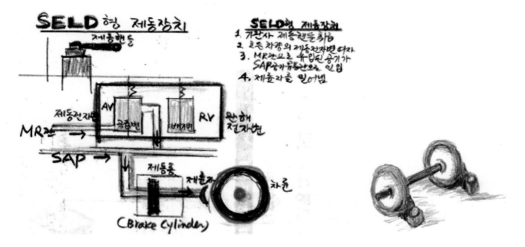

[SELD형 제동방식]

1. 기관사가 제동 핸들을 취급하면
2. 제동 핸들의 전기접점에 의해 모든 차량에 있는 제동전자변이 여자가 되면서
3. MR(Main Reservoir:저장기)관에 있는 공기가
4. SAP관(직통관)으로 인통이 되면서
5. 제륜자를 밀게 된다.

[SELD(전자직통공기제동)형 제동장치]

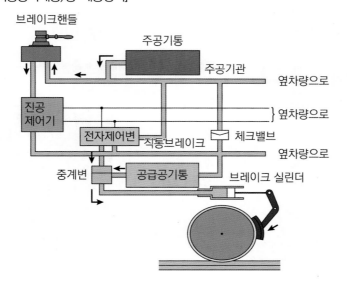

예제 다음 중 수도권 1호선을 운행하는 저항제어차의 제동방식이 아닌 것은?

가. 순직통제동　　　　　　　　　　나. 정차제동
다. 발전제동　　　　　　　　　　　　라. 수제동

해설　수도권 1호선을 운행하는 저항제어차에서 사용하는 제동방식은 상용제동, 비상제동, 발전제동, 순직통제동, 수동제동이다.

2) HRDA(High Response Digital Analog)형 제동장치

(1) 제동방식

[VVVF전동차의 HRDA제동방식]

① 디지털의 전기지령에 의해 작동되며, 전자회로에 의해 연산되어,
② 회생제동과 공기제동을 병용하는 일괄교차 연산식의 HRDA(High Response Digital Analog) 전기공기방식을 채택하고 있다.

[일괄교체제어(Cross-Blending)]

• 제동작용은 구동차와 인접부수차를 합쳐서 1개의 제동 유니트로 이루어진다.
• 구동차에는 제동단수에 상응하는 회생제동력이 발생되고 그 후 속도가 점차 떨어지고 회생제동력이 낮아지면 공기제동력이 상승하게 된다.

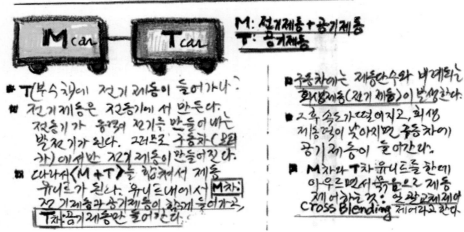

(2) HRDA 형 제동장치의 기능

① 제동력 부족 시 제동력을 보완해 준다.

② 불완해를 검지(기관사가 완해시켰는데 어느 차량에서 완해가 되지 않는 경우)한다.

③ 원격제어 기능을 가지고 있다.

④ 활주방지(Anti-Skid)의 기능(눈 등으로 레일의 점착력이 약해진 경우 제동을 취급하면 쭉 미끄러진다. 이럴 때 HRDA는 제동을 풀고, 체결하기를 반복하면서 활주를 방지해 준다.)

⑤ 제동통압력이 너무 낮거나 제동시스템에 고장이 있을 때 경보 기능 및 종합 제어 감시 장치에 전송 기능이 가능하다.

[예제] 다음 중 디지털 전기지령에 의하여 작동되며, 회생제동과 공기제동을 병용하는 일괄 교차 연산식제동장치는?

가. ARE형   나. HRDA형
다. SELD형   라. P4a형

[해설] VVVF전기동차는 회생제동과 공기제동을 병용하는 일괄교차 연산식의 HRDA(High Response Digital Analog) 전기공기방식을 채택하고 있다.

3) 제동의 종류 및 장치

(1) 상용제동

열차운전에 상용되는 제동이다.

(2) 비상제동

비상제동은 언제 걸리는가?

가. 제동변핸들 비상제동위치 시

나. ATS 또는 ATC의 비상제동지령 시(기관사가 ATS지령속도 초과 시 3초 이내 4스텝 이상의 제동을 취하지 않으면 비상제동이 걸린다.)

다. 운전실의 비상제동스위치 작용 시

라. MR관 압력이 낮을 경우(MR관 공기압력을 항상 일정 치를 확보해야 제동 시 활용

해야 하나 MR관 공기압력이 낮아지게 되면 제동력이 발생되지 않아 공기를 보충해 주어야 한다.)

　　마. 열차 분리 시(과거에는 열차분리 시 비상제동이 걸리지 않아 차량이 떨어진 채로 기관사가 차량을 운행)

예제 다음 중 전동차의 비상제동 체결 요건에 해당하지 않는 것은?

가. 열차 분리 시　　　　　　　　　　나. ATS 또는ATC의 비상제동 지령 시

다. MR관 압력이 높을 경우　　　　라. 제동변핸들 비상제동 위치 시

해설 비상제동은 MR 압력이 낮을 경우 비상제동이 체결된다.

(3) 보안제동

　　－상용과 비상제동고장 시 사용한다(상용제동썼는데 "안 먹혀!" 그래서 비상제동썼는데 "또 비상제동도 안 먹혀!!").

　　－전, 후부 운전실 어디서도 취급이 가능하다.

　　－보안제동을 취급 시 양쪽 운전실에 보안제동등을 점등시킨다.

예제 다음 중 상용 제동 및 비상제동 고장 시 사용하는 제동장치 전 · 후부 운전실 어디서도 취급이 가능한 제동은?

가. 정차제동　　　　　　　　　　　**나. 보안제동**

다. 주차제동　　　　　　　　　　　라. 비상제동

해설 보안제동에 대한 설명이다.

예제 다음 중 제동별 주요제어방식에 관한 설명으로 틀린 것은?

가. 정차제동: 속도검지에 의한 자동제동

나. 비상제동: 지령선 소자에 의한 순수 공기제동

다. 보안제동: 지령선 소자에 의한 순수 공기제동

라. 상용제동: 회생제동병용 공기제동방식, 응하중제어공기방식

해설 보안제동: 지령선 여자에 의한 순수 공기제동

4) 주차제동

- 공기가 들어감으로써 완해가 되고, 공기가 빠져 나감으로써 주차제동이 걸리게 된다.
- Pan을 내리고 차량을 잠자게(쉬게 한다) 하는 동안 주차제동을 채워 놓으면 공기가 다 빠져 나간다.
- 만약에 공기를 통해 제동을 시킨다면 공기가 없어서 제동이 안 걸려 위험해질 수 있다.
- 이런 맥락에서 설계를 한 것이 주차제동. 즉, 공기를 통해 완해를 하고, 공기가 다 빠져 나가도 제동은 효력을 발생하도록 스프링체결방식으로 제동을 시킨다.
- 차내에 압력공기가 없을 때에 필요한 제동이다.
- 공기 완해스프링 체결 방식이다.
- 주차제동체결 상태에서 열차가 운행하는 중에 발생하는 사고를 방지하기 위하여 역행회로와 연동되어 있다.
- 운전실 내의 주차제동 스위치를 동작시켜 주차제동을 체결 및 완해를 하기 위한 것으로 전부 TC차의 지령을 후부 TC차의 주차제동 전자밸브와 인통되어 체결된다.

예제 **다음 중 전동차 차내의 압력공기가 없을 때 필요한 제동으로 공기완해스프링 체결 방식의 제동은?**

가. 보안제동   나. 상용제동

다. 주차제동   라. 정차제동

해설 주차제동에 대한 설명이다.

5) 제동별 주요 제어방식

> **[제동별 주요 제어방식]**
>
> (1) 상용제동: 회생제동 병용 공기제동방식, 응하중 제어 공기방식
>   - 상용제동(공기제동과 회생제동이 함께 들어간다. 차량의 무게, 즉, 승객의 숫자에 반응하여 제동력을 발휘한다.)
> (2) 비상제동: 지령선 소자에 의한 순수 공기제동
>   - 비상제동(비상 시이므로 반응을 빠르게 하기 위하여 순수 공기제동만 들어간다. 전기제동은 들

어가지 않는다.)
(3) 보안제동: 지령선 여자에 의한 순수 공기제동
(4) 주차제동: 지령선 여자 및 MR압력 배기에 의한 스프링 작용식 제동
  - 주차제동(공기완해, 스프링 작용식 제동)
(5) 정차제동: 속도검지에 의한 자동제동
  - 정차제동(만약 속도가 0km/h이면 검지를 하여 자동으로 정차제동을 시킨다)

예제 다음 중 수도권 1호선을 운행하는 저항제어차의 제동방식이 아닌 것은?

가. 순직통제동   나. 정차제동

다. 발전제동   **라. 수제동**

해설 수도권 1호선을 운행하는 저항제어차에서 사용하는 제동방식은 상용제동, 비상제동, 발전제동, 순직통제동, 수동제동이다.

예제 다음 중 전동차 차내의 압력공기가 없을 때 필요한 제동으로 공기완해 스프링체결방식의 제동은?

가. 보안제동   나. 상용제동

다. 주차제동   라. 정차제동

해설 [주차제동]
공기가 들어감으로써 완해가 되고, 공기가 빠져 나감으로써 주차제동이 걸리게 된다. Pan을 내리고 차량을 재워(쉬게 한다) 버릴 때 주차제동을 시킨다. 차량을 잠 재워 놓으면 공기가 다 빠져 나간다. 만약에 공기를 통해 제동을 시킨다면 공기가 없어서 제동이 안 걸려 위험해질 수 있다. 이런 맥락에서 설계를 한 것이 주차제동, 즉 공기를 통해 완해를 하고, 공기가 다 빠져 나가도 제동은 효력을 발생하도록 스프링체결방식으로 제동을 체결한다.

예제 다음 중 순수한 공기제동만으로 이루어지는 것으로 묶인 주요 제동의 종류는?

가. 주차, 보안   나. 비상, 주차

다. 상용, 비상   **라. 비상, 보안**

해설 비상제동과 보안제동은 순수한 공기제동방식이다.

다음 중 전기동차 비상제동 시 최고 감속도는?

가. 5.5km/h/s

나. 3.5km/h/s

다. 4.5km/h/s

라. 2.5km/h/s

해설 전기동차 비상제동 시 최고 감속도는 4.5km/h/s이다.

예제 다음 중 전동차의 비상제동 체결 요건에 해당하지 않는 것은?

가. 열차 분리 시

나. ATS 또는 ATC의 비상제동 지령 시

다. MR관 압력이 높을 경우

라. 제동변핸들 비상제동 위치 시

해설 비상제동체결은 MR관 압력이 낮을 경우 비상제동이 체결된다.

6. 안전루프회로

1) 선두 TC에서 비상제어계통이 후부TC를 돌아 선두 TC에 복귀되는 일련의 회로 중 어느 부분이든 차단되면 차량에 비상제동이 걸리고 견인조작이 불가능하도록 하는 안전회로이다(비상루프회로는 항상 여자되어 있다가 어느 차량의 루프회로가 끊어지면 소자되어 비상제동이 걸리는 시스템이다).

2) 루프회로에서는 배터리전압, 주간제어기, 전두선택여부, ATC 고장여부, 열차정지여부, 비상제동스위치 취급여부, 주공기압력 스위치 등을 감시한다.(이 중 하나만 문제가 생긴다고 해도 안전루프회로가 끊어지고 비상제동이 체결된다.)

예제 다음 중 안전루프회로의 감시대상이 아닌 것은?

가. 주공기압력스위치

나. 주간제어기

다. 배터리전압

라. 자동 안내방송 장치

해설 안전루프회로는 전부 제어차에서 비상제어 계통이 후부 제어차를 돌아 전부제어차에 복귀되는 회로이다. 안전루프회로를 통해 감시받는 기기는 배터리전압, 주간제어기, 전두선택여부, ATC 고장여부, 열차정지여부, 비상제동 스위치취급여부, 주공기압력스위치 등이다.

안전루프회로(비상루프회로) 상시 여자방식

안전루프회로

■ 비상 레이 루프는 항상 여자되어
  있어야 한다
■ 어떤 차량의 루프회로가 끊어진다고(소자)
  하면 자동으로 비상제동이 걸린다.

■ 전 차량에 직렬로
  루프회로가 구성되어 있다.

7. 방송장치

[방송장치의 역할]

(1) 방송장치는 승객의 안전한 승하차와 공지사항을 전달하는 기능과

(2) 객실 내 비상사태 발생 시 열차 무선장치를 경유 승객과 승무원, 관제사와 승객과
의 통화기능을 갖는다.

1) 방송장치의 우선순위 (암기!!)

(1) 1순위: 관제사의 대 승객 방송

- 관제센터의 관제사가 모든 시스템을 관제하고 조정하는 역할 담당

- 열차에 문제(매우 위험한 상황)가 생겨서 관제사가 안내방송을 하는 경우, 제1순위
가 된다.

- "신도림역입니다"라고 자동안내 방송이 나오는 중에 '관제사가 대 승객 방송(앞 열
차가 고장이 나서 조치 중에 있습니다!!)'을 하게 되면 "신도림역입니다"라는 자동
안내 방송은 자동으로 꺼져버린다.

(2) 2순위: 승객의 비상통화

- 객실에 비상통화장치가 설치되어 있어서 승객과 승무원(기관사, 차장)간의 비상 통
화가 가능. 승객의 비상통화 시에는 승무원 차내방송, 자동안내 방송이 모두 꺼지게
된다.

(3) 3순위: 승무원의 차내 방송

(4) 4순위: 승무원의 운전실 간 통화

   (기관사와 차장 간의 통화)

(5) 5순위: 자동 방송장치의 자동안내 방송

   (다음 역 안내 등)

예제 다음 중 가장 우선 시 되는 방송으로 맞는 것은?

가. 승무원의 운전실간통화   나. 승무원의 차내방송
다. 승객의 비상통화   **라. 관제사의 대 승객 방송**

해설 1순위: 관제사의 대 승객 방송,
2순위: 승객의 비상통화,
3순위: 승무원의 차내 방송,
4순위: 승무원의 운전실간 통화,
5순위: 자동 방송장치의 자동안내 방송

2) 방송장치의 구성

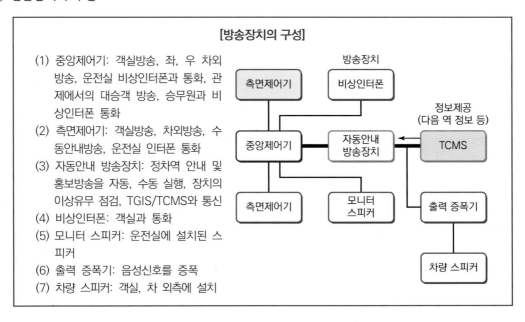

[방송장치의 구성]

(1) 중앙제어기: 객실방송, 좌, 우 차외 방송, 운전실 비상인터폰과 통화, 관제에서의 대승객 방송, 승무원과 비상인터폰 통화
(2) 측면제어기: 객실방송, 차외방송, 수동안내방송, 운전실 인터폰 통화
(3) 자동안내 방송장치: 정차역 안내 및 홍보방송을 자동, 수동 실행, 장치의 이상유무 점검, TGIS/TCMS와 통신
(4) 비상인터폰: 객실과 통화
(5) 모니터 스피커: 운전실에 설치된 스피커
(6) 출력 증폭기: 음성신호를 증폭
(7) 차량 스피커: 객실, 차 외측에 설치

예제 다음 중 TGIS/TCMS와 통신을 담당하는 전동차 방송장치 기기는?

가. 자동안내방송장치   나. 측면제어기

다. 중앙제어기   라. 출력증폭기

해설 자동안내방송장치는 정차역 안내 및 홍보방송을 자동, 수동 실행, 장치의 이상 유무점검, TGIS/TCMS
와 통신을 담당한다.

예제 다음 중 승객 안내장치의 설명으로 틀린 것은?

가. 비상인터폰: 열차승무원과 통화, 사령과 통화 나. 행선표시기: 종착역을 표시

다. 열번표시기: 열차번호를 표시   라. 객실안내 표시기: 객실내에 정보를 표시

해설 비상인터폰: 객실과 통화, 사령과 통화

8. 승객안내장치

(1) 설정기: TGIS/TCMS와 통신하며 각 정보를 표시기에 전달하고, 고장 검지, 데이터
전송, 자동 및 수동 설정 등이 가능하다.

(2) 열번표시기: 열차번호를표시

(3) 행선표시기: 종착역을 표시

(4) 객실안내 표시기: 객실 내의 정보를 표시

9. 전동차 냉난방

[객실 환기 상태]

구분	장치 가동 시 현상	결과
냉방기 가동 시	외부공기 내부로 유입 1,920m³/h	내부 공기압 상승 출입문 개방 시 공기유출
환풍기 가동 시	내부공기 외부로 유출 1,980m³/h	내부 공기압 하강(빠져나감) 출입문 개방 시 공기유입
출입문 개방 시 (자연환기)	대류에 의한 내,외부 공기환기 1,915m³/h	환풍기 미가동 시 외부로 소량 유출

송풍기 가동 시 (선풍기)	내부 공기 순환 공기 출입 없음	좌동

10. 조명장치(Light Circuit Diagram)

1) CAB LAMP(Cab 1,2)(객실)

가. CABLp1: 운전실 우측등, AC220V 전원－CABLN1 ON/OFF 취급으로 점, 소등

나. CABLp2: 운전실 좌측등, DC100V 전원－CABLN2 ON/OFF 취급으로 점, 소등

2) HEAD LAMP(HLp1,2)(전부표시등) 및 TAIL LAMP(TL 1,2)(후부표시등)

가. HEAD LAMP(HLp1(AC),2(DC))(좌우)운전실에서 HLpS취급 시 점등

나. TAIL LAMP(TLp1(AC),2(DC))운전실에서 MLpS취급 시 점등

다. 전원: DC100V, AC100V

라. 용량: HLp1,2 →165/55 W. TLp1,2 → 40W

3) ADL 1-4(Air Defense Lamp: 방공등)

가. DC100V 전원사용(운전실 1, 각 차량당 4)

나. 전, 후 운전실에서 취급 가능 100V 전원 － ADLpSON/OFF 취급으로 점, 소등

다. 또는 EORN ON취급 시 점등(EORN은 비상조작스위치) (중요!)

라. 용량: 30W

[비상운전제어차단기(NFB for "Emergency Operation Control")]

－지하구간 및 야간에 차량고장 등으로 103선(직류 모선, 가장 기본이 되는 선. 103선 마저도 안 들어오는 상황) 불통의 경우에도 승객의 안전을 최대한 보장하고 상황을 안내하며, 승객을 통제하기 위한

－비상회로 설치(무전기, 방송장치, 방공등동작(EORN ON취급하면 이 3가지는 동작)) (배터리를 최대로 절약하면서)

4) TTL(Time Table LAMP)

    (1) TrLpN ON/OFF 취급으로 점, 소등

    (2) 용량: DC30W

5) ROOM LamP(RDLp1-4/ RALp1-20)

(1) 각 차량

    ① DC등(RDLp)
       − 8개 장착
    ② AC등(RALp)
       − TC차: 14개(운전실 공간이 차지하므로),
       − 기타 차: 16개 장착

(2) 운전실 설치 LpCS의 ON 취급 시

(3) 전, 후 운전실 취급 가능

(4) 연장 급전 시

− 각 차량 LRR2(Load Reduction Relay: 부하반감계전기) 여자로 LpCS ON 상태에서도 각 차량 LK2 소자(TC차 11개 기타 12개 소등)

− 10량 1편성에 총 SIV가 3개 있다. SIV 하나당 차량 3, 3, 4로 분담한다.

− SIV 하나가 고장나더라도 3개 차량의 객실등, 난방이 작동된다. 그 이유는 인접SIV에서 연장급전을 해주어 점등이 된다. 이 경우 정상 SIV전원 용량의 반을 LRR2(반감계전기)를 통해 연장급전대상 SIV에게 제공해 준다.

− 객실 교류 형광등은 객실 등 접촉기1,2(LpCS1과 2가 있어서 반반씩 나누어져 있다. 연장급전이 되면 1개 그룹을 통째로 꺼버린다.)의 2개 그룹으로 제어되며 부하 반감 시에는 1개 그룹이 소등된다.

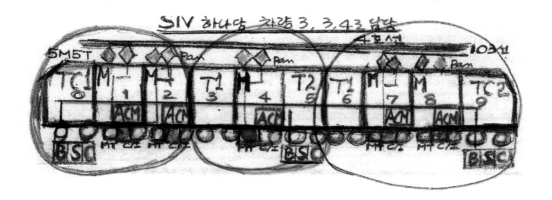

[SIV고장 시]

해당 유닛 CM구동 장치, 냉난방 기동 불능, 따라서 연장급선 시행
① 4호선의 SIV가 설치된 차량은 전, 후 운전실 TC차와 중간 T2차에 설치되어 있어 고장 시 취급
   이 용이
② SIV 구동과 관계되는 차량은 1, 4, 8호 M차이다. 2, 7호 M차의 경우 Pan 하강이나 MCB 투입
   불능 및 완전구동 취급 시에는 연장급전의 필요가 없음.

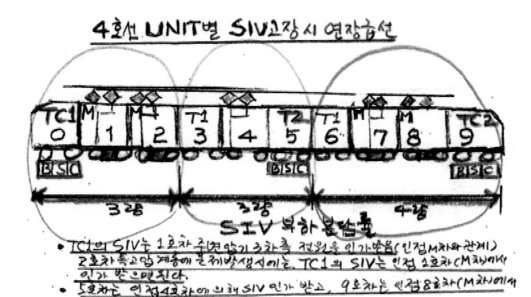

11. 각종 계기류 및 표시등

[각종 계기류 및 표시등]

(1) 공기압력계: 해당 Tc차의 주공기(MR) 압력 및 제동통(BC) 압력 현시
(2) 전차선 전압계: 주회로에 입력되는 가선전압 현시
(3) 전차선 전류계: 주회로에 공급되는 전류현시
(4) 축전지 전압계: 양쪽 Tc차에 103선이 인가되는 전압 현시

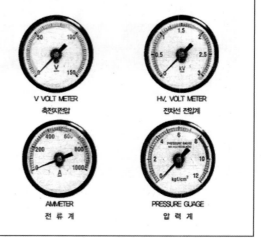

예제 다음 중 전동차의 계기류에 대한 설명으로 맞는 것은?

가. 전차선 전류계: 주회로에 공급되는 전압 현시

나. 전차선 전압계: 견인전동기에 공급되는 전압 현시

다. 공기 압력계: 해당 TC차의 제어공기 압력 및 제동관 압력 현시

라. 축전지 전압계: 양쪽 TC차의 103선에 인가되는 전압 현시

해설 축전지 전압계: 양쪽 TC차의 103선에 인가되는 전압 현시

예제 계기류의 설명중 틀린것은?

가. 공기 압력계: 해당 TC 차의 주공기 압력

나. 전차선 전압계: 주회로에 입력되는 가선전압 현시

다. 전동기 전류계: 주전동기 전류현시

라. 축전지 전압계 : 양쪽 Tc 차 축전지 전압중 낮은 값 현시

해설 축전지 전압계: 양쪽 TC차의 103선에 인가되는 전압 현시

제4장

전동차 유지관리

제1절　자동차 유지관리

1. 전동차 구조상 특징

1) 기계적 마모 부분이 적다.
2) 각 부분이 유니트화되어 있다.
3) 주요 부품은 밀봉이 되어 있다.
4) 제어 및 감시를 컴퓨터로 행한다.

2. 전동차 고장의 특징

1) 마모고장에서 우발고장으로 변화하는 부분이 많다.
2) 고장원인이 복잡하고 원인 규명이 어렵다(기기 간의 인터페이스 부분에 고장이 발생되면 원인규명이 힘들다).
3) 고장의 재현성이 없는 경우가 많다.

제2절 전동차 검사

1. 자동차 검사방법

    (1) 예방검사방식(정기검사방식): 고장이 나기 전에 일정한 시간 또는 주행 Km를 기준으로 하여 검사하는 방식

    (2) 사후검사방식(수시검사방식):기능이 정지되거나 불량하여 고장 발생 시 시행하는 검사

2. 전동차 검사의 분류

1) Line 검사(경정비, 기지검사)

    (1) 차량의 종합적인 기능 판단과 각 장치의 기능 상태 확인

    (2) 고장개소의 조기 발견과 신속한 수리복구

    (3) 소모품 등 수명이 짧은 부품의 교환 및 수리

    (4) 차량기능 유지를 위한 청소 정비

    (5) 차량조건의 파악과 취급방식의 적정화 유도

예제 다음 중 Line 검사에 해당하지 않는 것은?

가. 차량조건의 파악과 취급 방식의 적정화 유도

나. 각 기기에 대한 구조 기능을 설계시의 상태로 수리, 복구

다. 차량기능 유지를 위한 청소, 정비

라. 소모품 등 수명이 짧은 부품의 교환 및 수리

해설 각 기기에 대한 구조 기능을 설계시의 상태로 수리, 복구는 Shop검사에 해당한다.

2) Shop 검사(중정비, 공장검사)

    (1) 전동차 가 기기에 대한 구조 기능을 설계 시의 상태로 수리, 복구

    (2) 부품 수명에 대하여 장기계획으로 교체

    (3) 차량의 구조상 개조

예제 다음 중 전동차의 검사방법 중 Shop검사에 해당하지 않는 것은?

가. 차량의 종합적인 기능판단과 각 장치의 기능상태 확인

나. 전동차의 각 기기에 대한 구조 기능을 설계시의 상태로 수리, 복구

다. 부품수명에 대하여 장기계획으로 교체

라. 차량의 구조상 개조

해설 차량의 종합적인 기능판단과 각 장치의 기능상태 확인은 Line검사에 해당한다.

[Line 검사(경정비, 기지검사)]
1) 차량의 종합적인 기능 판단과 각 장치의 기능 상태 확인
2) 고장개소의조기 발견과 신속한 수리복구
3) 소모품 등 수명이 짧은 부품의 교환 및 수리
4) 차량기능유지를 위한 청소 정비
5) 차량조건의 파악과 취급방식의 적정화 유도

[Shop 검사(중정비, 공장검사)]
1) 전동차 각 기기에 대한 구조 기능을 설계 시의 상태로 수리, 복구
2) 부품 수명에 대하여 장기계획으로 교체
3) 차량의 구조상 개조

3. 검사주기의 적용

－정기검사는 기간검사주기(시간) 또는 주행검사주기(거리)를 기준으로 당해 주기에 먼저 도달한 전동차로부터 순차적으로 검사를 시행함을 원칙으로 한다.
1) 경정비 검사주기적용: 기간, 주기, 중 먼저 도달한 주기를 적용한다.
2) 중장비 검사주기적용: 전 회 시행된 6년 검사 출장 일을 기준으로 하며 고장 및 중 수선으로 인한 비 운행 일은 제외한다.

4. 하위검사 시행

－3월 검사 이상의 검수를 시행 시(3년에 한 번 시행 검사 등)는 하위 검사를 시행한 것으로 간주한다.

예제 다음 중 전동차 유지관리에 관한 설명으로 틀린 것은?

가. 전동차의 정기검사는 기간검사주기 또는 주행검사주기를 기준으로 당해주기에 먼저 도달한 전동차부터 순차적으로 검사를 시행함을 원칙으로 한다.

나. 전동차 고장의 특징은 고장원인이 복잡하고 원인규명이 어려우며, 고장이 재현성이 없는 경우가 많고 마모고장에서 우발고장으로 변화되는 부분이 많다.

다. 전동차의 구조상 특징은 주요부품은 밀봉되어 있고, 유니트화되어 있으며 기계적 마모부분이 적다.

라. 사용내구연한이 지난 철도차량의 정밀진단결과 안전운행에 지장이 없는 것으로 판정된 때에는 3년 범위 내에서 그 사용 내구연한의 연장기간을 지정할 수 있다.

해설 정밀진단결과 당해 철도차량이 안전운행에 지장이 없는 것으로 판정된 때에는 5년의 범위 내에서 그 사용 내구연한의 연장기간을 지정할 수 있다.

검사의 종류 [정기 검사]

종류	내용	시행소속
3일 검사 (3D)	검수주기(72시간)에 도달 시 전동차의 주요부분에 대한 작용상태와 기능확인을 시행하는 검사	경정비 담당소득
3월 검사 (3M)	검수주기(3개월 또는 4만 5천km주행)에 도달 시 각부의 작용상태 주요단위기기의 상태점검 및 기능을 확인하는 검사	경정비 담당소속
3년 검사 (3Y)	검수주기(3년 또는 54만km주행)에 도달 시 주요부품의 분해검사 및 수선을 시행하는 검사	중정비 담당소속
6년 검사 (6Y)	검수주기(6년 또는 108만km주행)에 도달 시 영구결함 제외한 부품을 해체하여 분해검사 및 수선	중정비 담당소속

예제 다음 중 전동차 정기검사의 종류가 아닌 것은?

가. 6년검사

나. 6월검사

다. 3년검사

라. 3월검사

해설 정기검사의 종류: 3D, 3M, 3Y, 6Y

예제 검사주기 도달 시 각부의 작용상태 주요단위기기의 상태점검 및 기능을 확인하는 검사는?

가. 3D검사

나. 3M검사

다. 3Y검사

라. 6Y검사

해설 3월(3M) 검사: 검사주기(3개월)에 도달 시 각 부의 작용상태 주요 단위 기기의 상태점검 및 기능을 확인하는 검사

예제 다음 중 전동차 비정기검사의종류가 아닌 것은?

가. 차륜교환검사(NWC)

나. 특별검사(R)

다. 임시검사(T)

라.최초검사(IS)

해설 정기검사: 3일검사, 3월검사, 3년검사, 6년검사
비정기검사: 임시검사, 특별검사, 차륜교환검사, 인수검사

검사의 종류 [비정기 검사]

종류	내용	시행소속
임시검사 (T)	이상사태 발생 또는 발생 우려가 예상될 때 검사를 시행하거나 개조 등을 목적으로 일시적으로 행하는 검사	경정비 또는 중정비 담당소속
특별검사 (R)	전동차의 개조 또는 수선을 목적으로 계획에 의해 시행하는 검사	경정비 또는 중정비 담당소속
차륜교환 검사 (NWC)	차륜의 마모,파손 등을 교환하기 위하여 시행하는 검사	중정비 담당소속
인수검사 (A)	신규제작 또는 주요부위를 개조하여 도입된 전동차의 기능 상태를 확인하는 검사	경정비 담당소속

예제 전동차의 비정기 검사 종류 중 특별검사(R)에 해당하는 것은?

가. 이상사태 발생 또는 발생우려가 예상될 때 검사를 시행하거나 개조 등을 목적으로 일시적으로 행하는 검사

나. 전동차의 개조 또는 수선 등을 목적으로 계획에 의해 시행하는 검사

다. 40만km 주행 후, 주요부품의 분해 검사 및 수선을 시행하는 검사

라. 신규제작 또는 주요부위를 개조하여 도입된 전동차의 기능상태를 확인하는 검사

해설 비정기 검사 종류 중 특별검사(R): 전동차의 개조 또는 수전 등을 목적으로 계획에 의해 시행하는 검사

예제 이상상태 발생 또는 발생 우려가 예상될 때 검사를 시행하거나 개조 등을 목적으로 시행하는 검사는?

가. 임시검사(T)
나. 특별검사(S)
다. 차륜교환검사(NWC)
라. 인수검사(A)

해설 임시검사(T): 이상상태 발생 또는 발생 우려가 예상될 때 검사를 시행하거나 개조 등의 목적으로 시행하는 검사이다.

예제 다음 중 중정비 담당소속에서 시행하는 전동차 검사로 틀린 것은?

가. 3월검사
나. 차륜교환 검사
다. 특별검사
라. 3년검사

해설 3월검사는 경정비 담당소속에서 시행한다.
중정비 담당소속 시행검사: 3년 검사, 6년 검사, 특별 검사, 차륜교환 검사

제5장

저항제어 및 쵸퍼제어차

제1절　개요

[속도제어방식에 의한 분류]
(1) 저항제어
　－주회로에 저항을 설치하여 속도 상승 시 저항을 단락시켜 전동기에 공급 전력을
　　증가

(2) 쵸퍼(Chopper)제어
　－주회로에 공급되는 직류전원을 사이리스타 스위칭(반도체)으로 ON, OFF하여 공
　　급전력을 제어

(3) VVVF제어
　－VF(Variable Frequency): 가변주파수(회전수제어)
　－VV(Variable Voltage): 가변전압가변주파수 형태(회전력 제어)

[견인전동기 및 제어방식에 따른 분류]

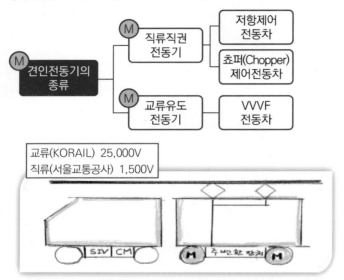

제2절　저항제어차

1. 차량편성

① 최소편성단위: 4량으로 그 형태는 TC + M + M' + TC

② 편성량수: 6량 편성, 8량 편성, 10량 편성

③ 열차는 " M + M' " 2량을 1 UNIT단위로 편성하며

④ 4량 편성열차는 1UNIT

⑤ 6량 평성 열차는 2UNIT, 8량과 10량 편성열차는 3UNIT

⑥ 10량 편성: 6M4T의 차량으로 편성

2. 저항제어차 속도제어 방식

1) 저항제어차는 1UNIT당 8개의 직류직권인 견인전동기를 저항을 설치하여

2) 점차 저항을 단락시켜 전압을 높이는 형태로 속도를 향상시킨다.

3) 이때 모든 저항이 단락되어 더 이상 속도향상이 이루어지지 않을 때는 8직렬에서 4직 2병렬로 결선을 바꾸어 속도를 향상
4) 속도향상이 최종적으로 이루어지면 약계자제어에 의해 최고 속도에 도달한다.

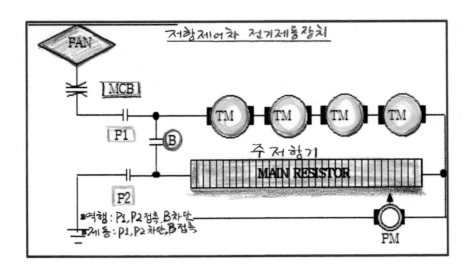

[차량별 주요 기기 배치]

구분 차종	주요배치기기	
	저항제어차	인버터제어차
TC차	주간 제어기, 제동변, 각종 스위치 등 운전취급에 관련된 기기 및 ATS와 열차 무선전환기 등의 운전 보안 장치	보조전원장치, 측전지, 공기압축기와 운전취급에 관련된 주제어기, 제동제어기, 모니터 등 및 ATC/ATS와 열차무선전화기 등이 배치되어 있음
M차	주제어기, 주저항기, 약계자리액터 등의 속도제어용 기기와 축전지, 공기압축기 등이 설치됨	주변환장치(C/I)와 4개의 교류유도전동기 및 필터 리액터가 있음
M′차	집전장치와 주변압기, 주정류기 등과 보조전원장치(SIV)가 탑재됨	집전장치, 주변압기 및 주변환장치(C/I)와 4개의 교류유도전동기 및 필터 리액터 등이 배치됨
T차	없음	보조전원장치(SIV)와 공기압축기 등

4. 저항제어차 사양 및 성능(저항제어차)

[수도권 1호선 전기동차(저항제어차)의 주요성능 및 제원]
(1) 차량성능 (VVVF차량과의 차이점 꼭 암기!)

   ① 최고속도: 110km

   ② 가속도: 2.5km/h/s

   ③ 감속도: 상용제동 3.0km/h/s, 비상제동 4.0km/h/s

예제 다음 중 수도권 1호선 저항제어차량의 성능과 특성에 관한 설명으로 틀린 것은?

가. 주저항기저항체: 파형저항체   나. 가속도: 2.5km/h/s

다. 최고속도: 110km/h   **라. 주저항기 냉각방식: 강제냉각방식**

해설 주저항기 냉각방식은 자연통풍 방식이다.

(2) 주저항기

   ① 저항체: 파형저항대

   ② 냉각방식: 자연통풍

(3) 제동

   ① 방식: SELD 발전제동병용(자동비상부)

   ② 종류: 상용제동, 비상제동, 발전제동, 순직통제동, 수제동

5. 저항제어차 운전실 기본개요

1) Two-Handle방식 주간제어기(MC: Master Controller)

   ─철도공사 및 서울지하철 1－4호선에서는 Two－handle방식

   ─주간제어기(MC: Master Controller)를 사용하고 있으며

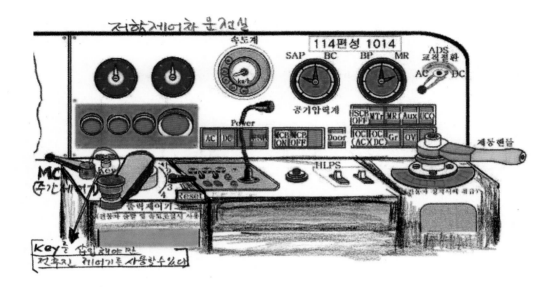

예제 다음 중 철도공사 및 서울지하철 1~4호선 Two-Handle방식의 저항제어 전동차의 주간제
어기 구성기기가 아닌 것은?

가. 전후진제어기 　　　　　　　　　　　　 나. 제동핸들

다. 출력제어기 　　　　　　　　　　　　　 라. 주간제어기 열쇠

해설 주간제어기 구성기기: 주간제어기 열쇠, 출력제어기(Notch), 전후진제어기(Reverse Handle), Reset
Handle

[4가지 주요 기기]

(1) 주간제어기 열쇠
 - 이 Key는 출력제어기 및 전/후진제어기를 쇄정하는 기기로서
 - 투입 후 90도 회전시켜야 출력제어기 및 전후진제어기 취급가능

(2) 출력제어기(Notch)(역행제어기)
 - 주전동기에 전원을 공급 및 차단하는 역할을 한다.
 - 운전자 안정장치(DSD(Driver Safety Device: Dead Men Switch): 출력제어기를 계속 누르
고 있어야 한다. "기관사가 정신을 집중해서 운전 중이구나"라고 전동차가 인식한다. 손을 때면
일정시간 이후에 비상제동이 체결된다.)

- OFF 위치와 1-4 Notch 위치가 있어 위치에 따라 속도제어가 가능하다.

[저항제어전동차의 위치별 Notch에 따른 운전형태]
1) OFF 위치: 주회로차단상태
2) 1Notch: 기동
3) 2 Notch: 직렬운전(8직렬 순차저항단락)
4) 3 Notch: 병렬운전(4직2병렬 순차저항단락)
5) 4 Notch: 약계자운전

(3) 전후진제어기(Reverse Handle)
- 전동차의 방향을 결정하며 '전', 'OFF', '후'의 3위치가 있다.

(4) Reset Handle
- 전동차의 각종 보호기기 동작 시 원래 상태로 복귀시키기 위한 기기이다.

6. 운전준비

1) 속도제어 방식

- 직류직권전동기를 장착(1UNIT당 8대)
- 주전동기 회로에 저항기(Resistor)를 설치
- 전저항으로 약화된 전력으로 서서히 출발하고 순차적으로 저항을 단락, 열차속도를 부드럽게 상승시키는 방법으로 속도를 제어한다.

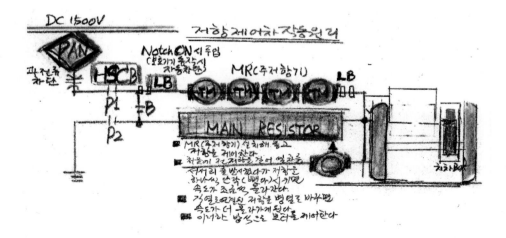

2) 보호계전기

[MMOCR(과전류 계전기)]

(1) 주전동기 과전류(900A)를 검지

(2) 과전류 검지기HSCB 차단

(3) 동력운전 및 제동 시 작용

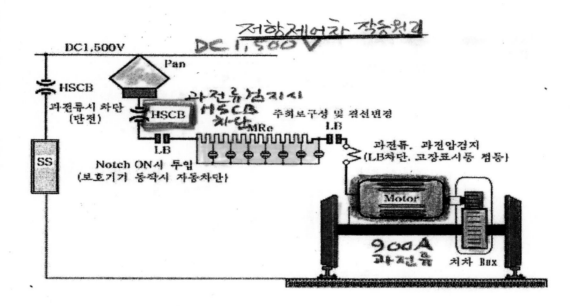

예제 다음 중 저항제어차에 사용되는 보호계전기에 관한 설명으로 맞는 것은?

가. 전류 계전기(CR)는 발전제동 전류가 80A 이상 흐를 경우 소자되어 공기제동을 억제한다.

나. 과전압 계전기(OVR)는 발전제동 중 900V 이상의 과대전압이 흐를 경우 동작하는 계전기이다.

다. 과전류 계전기(MMOCR)는 주전동기의 전류가 1000A 이상 흐를 경우 과전류를 검지하여 HSCB를 차단시킨다.

라. 헛돌기 계전기(SLR)는 동력운전 중 공전이 발생할 경우 동력운전을 차단한다.

해설 헛돌기 계전기(SLR)는 동력운전 중 공전이 발생할 경우 동력운전을 차단한다.

예제 다음 중 수도권 1호선을 운행하는 저항제어차 과전류계전기(MMOCR)에 관한 설명으로 틀린 것은?

가. 동력운전시 작용　　　　　　　　　　나. 과전류 검지 시 MCB 차단

다. 주전동기 과전류(900A)감지　　　　　라. 제동시 작용

해설 과전류 계전기(MMOCR)은 과전류 검지 시 HSCB를 차단한다.

3) 전류계전기(CR: Current Relay)

- 발전제동 80A 시 여자되어 공기제동을 억제(기관사가 제동취급하면 전기제동이 발생된다. 제동 취급했는데 80A가 나오지 않으면 CR이 여자되지 않는다.)

4) 과전압 계전기(OVR)

- 발전제동중 1,000V 이상의 과대 전압 시 동작
- 과전압등 현시 - 접지계전기(BGR)
- 발전제동 중 주전동기 Flash Over 또는 접지 시 동작
- 접지등 현시

5) 헛돌기 계전기(SLR)

- 동력운전중 공전 발생 시 동력운전을 차단(차륜 밑에 마찰력이 작으면 바퀴가 헛돈다. 이를 검지해주는 계전기가 헛돌기 계전기이다.)
- M차 1량의 주전동기 4개를 2개씩 나누어 양단 간의 전위차로 동작

7. 발전제동 제어

- 발전제동은 동력 운전 시와 달리 제어회로 작용에 의해 주전동기를 발전기로 작용시켜 제동력을 확보
- 운행 중 관성에 의해 회전하고 있는 차축의 회전력으로 전기자 축을 회전시켜
- 발생된 기전력을 주 저항기에서 열로 소비한다(열로 소비하지 않고 전차선으로 다시 올려 주는 것: 회생제동)

- 이때 발생된 열소비량(전력량)만큼 주전동기 전기자축에는 관성회전력에 반대되는 역회전력이 발생하여 제동력으로 작용한다.

8. 비상제동

- 비상제동이 체결되면 다른 전동차에서는 발전제동은 무효화시키고 공기제동만 작용하도록 설계되었다.
- 교직류저항제어 전동차는 공기제동과 발전제동이 동시에 작용된다.

제3절 **쵸퍼(Chopper)제어차**

1. 쵸퍼저어차란?

- 쵸퍼제어차에는 저항제어차의 주저항기(MRe)가 없다.
- 고속, 고빈도로 ON, OFF 동작을 할 수 있는 Switch(반도체 사이리스터: Thyristor)를 설치하고 주전동기에 공급되는 전력을 제어한다.
- 저항제어전동차와 같이 직류직권전동기를 장착하고 있으나 저항제어차의 단점인 전력의 낭비, 열 발생, 승차감 저하 등의 단점을 개선했다(저항제어차는 저항기를 설치하므로 열이 많이 발생).
- 서울 지하철 2, 3호선 및 부산 1호선에 운행되고 있다.
- Chopper의 어원은 'Chop' 즉 "팍팍 찍다" 또는 고기나 야채를 "잘게 자르다"에서 유래되었다.

[쵸퍼제어 전도차(직류직권 전동기 장착차량)]

- 저항제어 챠량의 단점인 열발생(주저항기를 통하다 보니까 열이 많이 나오고, 소음도 많이 발생) 승차감 저하 등의 단점 개선
- 주 저항기 대신 고속, 고빈도로 동작 가능한 소자(반도체 스위칭 소자로 속도제어를 제어한다)로 속도제어
- 일정한 직류전압을 고속도, 고빈도로 잘라서 속도제어
  ON하는 시간이 길어지면 평균전압이 높아진다. OFF하는 시간이 길어지면 평균전압이 낮아진다.
  On, Off를 적절히 조절함으로써 들어가는 전압을 조절 → 속도제어를 하는 방식

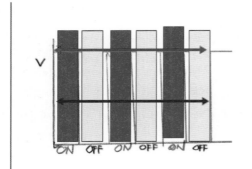

쵸퍼(Chopper) 제어 서울메트로 3000호대 전동차

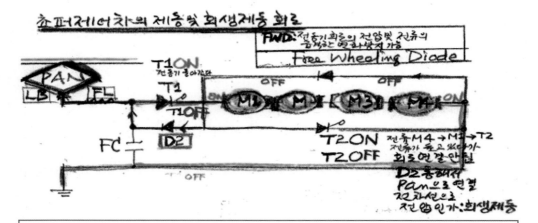

- 제동
  - T2 ON: M4 → M3 → M2 → M1 → T2 → M4 ....
  - T2 OFF: M4 → M3 → M2 → M1 → D2 → FL → LB → 전차선(회생제동)

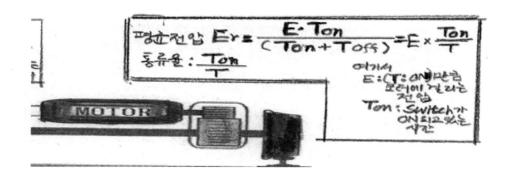

```
[쵸퍼전동차 Notch별 통류율]
```

1) 1Notch: 0.1
2) 2Notch: 0.5
3) 3Notch: 0.97
4) 4Notch: 0.97(약계자), Chopper단락(약계자)

✓ 통류율이 커짐에 따라 들어가는 직류전압이 높아지는 것이다.

예제 다음 중 쵸퍼(Chopper)제어 전동차의 3Notch 통류율의 수치로 맞는 것은?

가. 0.97
나. 0.3
다. 0.5
라. 0.1

해설 **Chopper전동차 Notch별 통류율**
① 1Notch 0.1
② 2Notch 0.5
③ 3Notch 0.97
④ 4Notch 0.97(약계자) 및 Chopper단락(약계자)

※ **약계자**
직류 전동기의 계자 자속을 약하게 하여 회전수를 상승시켜서 고속 운전이 가능하게 한다. 토크의 저하를 막는 방법으로 약계자를 쓰고 있다. 이 방법은 계자전류의 일부를 단락하거나, 계자전류를 다른 회로에 흘려 계자를 약하게 하면 역기전력이 저하하여 전기자전류를 회복하게 된다. 이때 계자 자속은 적어지므로 토크는 저하되지만, 전기자 전류가 확보되어 속도상승에 필요한 토크 수준은 유지될 수 있다.

1) 쵸퍼전동차 주요제원

[차량 편성 및 중량]
1) 편성: 6M4T
2) 중량 및 정원

2. 차량정격(Chopper 제어차)

1) 정격출력(연속): 3,600kw(6M4T 기준)

예제 다음 중 저항제어차량의 출력제어기(Notch) 위치별 작용에 대한 설명으로 틀린 것은?

가. 1Notch: 기동

나. 2Notch: 8직렬 순차저항 단락

다. 3Notch: 병렬운전

라. 4Notch: 직렬운전

해설 4Notch: 약계자운전

[쵸퍼전동차 주요제원]

가. 차량 편성 및 중량
  1) 편성: 6M4T
  2) 중량 및 정원

중량 및 정원

구분	TC차	M1, M2차	T차
공차중량	41.5ton	40.5ton	32ton
정원	148명	160명	160명
최대하중	20ton	20ton	30ton

---

2) 평균가속도

3.0km/h/s (6M4T기준 20ton 하중까지 일정)

① 상용제동감속도: 3.5km/h/s(6M4T기준 20ton 하중까지 일정)

② 비상제동감속도: 4.5km/h/s (6M4T기준 20ton 하중까지 일정)

3) 최고속도와 치차비

100km/h, 치자비(95:15 = 6.53:1)

예제 다음 중 쵸퍼(Chopper)제어 전동차의 주요제원에 관한 설명으로 틀린 것은?

가. 동력운전 시 주전동기 접속은 4직2병력 영구접속이다.

나. 치차비는 7.09: 1

다. 연속정격출력은 3,600kw(6M4T기준)이다.

라. Chopper 제어 주파수는 470Hz(235Hz × 2상)이다.

해설 쵸퍼제어차량의 치차비는 6.53: 1이다.

4) 주전동기

직류직권(저항제어와 마찬가지로), 자기냉각식, 차륜직경: 860mm

정격: 150kw, 375V, 440A, 1,900rpm(80% 약계자)

5) 속도제어방식

Chopper에 의한 자동 가감속제어, 회생제동(일정계자)(저항제어는 발전제동)

6) 주전동기 접속

① 동력운전: 4직2병렬 영구접속

② 회생제동: 4직2병렬 영구접속, 교차계자, 예비여자방식

7) Chopper 제어주파수

470Kz(235Hz × 2상)

예제 다음 중 저항제어전동차와 비교하였을 때 쵸퍼(Chopper)제어전동차의 장점이 아닌 것은?

가. 가선전압의 변동 폭이 넓다.   나. 승차감이 향상된다.

다. 열이 많이 발생하지 않는다.   라. 전력의 낭비가 적다.

해설 쵸퍼(Chopper)제어전동차는 저항제어전동차와 같이 직류직권전동기를 장착하고 있으나 저항제어전동
차의 단점인 전력의 낭비, 열 발생, 승차감저하 등의 단점을 개선하였다.
– 쵸퍼제어차는 스위치의 ON, OFF 비율을 설정하여 추전동기의 회전수를 조절할 수 있다. ON, OFF
를 통해 가선전압을 잘게 자르게 됨으로써 가선전압의 변동폭이 저항제어차에 비해 상대적으로 좁다.

참고
문헌

[국내문헌]

곽정호, 도시철도운영론, 골든벨, 2014.

김경유·이항구, 스마트 전기동력 이동수단 개발 및 상용화 전략, 산업연구원, 2015.

김기화, 김현연, 정이섭, 유원연, 철도시스템의 이해, 태영문화사, 2007.

박정수, 도시철도시스템 공학, 북스홀릭, 2019.

박정수, 열차운전취급규정, 북스홀릭, 2019.

박정수, 철도관련법의 해설과 이해, 북스홀릭, 2019.

박정수, 철도차량운전면허 자격시험대비 최종수험서, 북스홀릭, 2019.

박정수, 최신철도교통공학, 2017.

박정수·선우영호, 운전이론일반, 철단기, 2017.

박찬배, 철도차량용 견인전동기의 기술 개발 현황. 한국자기학회 학술연구발 표회 논문개요
　　집, 28(1), 14−16. [2], 2018.

박찬배·정광우. (2016). 철도차량 추진용 전기기기 기술동향. 전력전자학회지, 21(4), 27−34.

백남욱·장경수, 철도공학 용어해설서, 아카데미서적, 2003.

백남욱·장경수, 철도차량 핸드북, 1999.

서사범, 철도공학, BG북갤러리 ,2006.

서사범, 철도공학의 이해, 얼과알, 2000.

서울교통공사, 도시철도시스템 일반, 2019.

서울교통공사, 비상시 조치, 2019.

서울교통공사, 전동차구조 및 기능, 2019.

손영진 외 3명, 신편철도차량공학, 2011.

원제무, 대중교통경제론, 보성각, 2003.

원제무, 도시교통론, 박영사, 2009.

원제무·박정수·서은영, 철도교통계획론, 한국학술정보, 2012.

원제무·박정수·서은영, 철도교통시스템론, 2010.

이종득, 철도공학개론, 노해, 2007.

이현우 외, 철도운전제어 개발동향 분석 (철도차량 동력장치의 제어방식을 중심으로), 2018.

장승민·박준형·양진송·류경수·박정수. (2018). 철도신호시스템의 역사 및 동향분석. 2018.

한국철도학회 학술발표대회논문집, , 46−5276호, 국토연구원, 2008.

한국철도학회, 알기 쉬운 철도용어 해설집, 2008.

한국철도학회, 알기쉬운 철도용어 해설집, 2008.

KORAIL, 운전이론 일반, 2017.

KORAIL, 전동차 구조 및 기능, 2017.

[외국문헌]

Álvaro Jesús López López, Optimising the electrical infrastructure of mass transit systems to improve the

use of regenerative braking, 2016.

C. J. Goodman, Overview of electric railway systems and the calculation of train performance 2006

Canadian Urban Transit Association, Canadian Transit Handbook, 1989.

CHUANG, H.J., 2005. Optimisation of inverter placement for mass rapid transit systems by immune

algorithm. IEE Proceedings −− Electric Power Applications, 152(1), pp. 61−71.

COTO, M., ARBOLEYA, P. and GONZALEZ−MORAN, C., 2013. Optimization approach to unified AC/

DC power flow applied to traction systems with catenary voltage constraints. International Journal of

Electrical Power & Energy Systems, 53(0), pp. 434

DE RUS, G. a nd NOMBELA, G., 2 007. I s I nvestment i n H igh Speed R ail S ocially P rofitable? J ournal of

Transport Economics and Policy, 41(1), pp. 3−23

DOMÍNGUEZ, M., FERNÁNDEZ−CARDADOR, A., CUCALA, P. and BLANQUER, J., 2010. Efficient

design of ATO speed profiles with on board energy storage devices. WIT Transactions on The Built

Environment, 114, pp. 509-520.

EN 50163, 2004. European Standard. Railway Applications—Supply voltages of traction
systems.

Hammad Alnuman, Daniel Gladwin and Martin Foster, Electrical Modelling of a DC
Railway System with

Multiple Trains.

ITE, Prentice Hall, 1992.

Lang, A.S. and Soberman, R.M., Urban Rail Transit; 9ts Economics and Technology,
MIT press, 1964.

Levinson, H.S. and etc, Capacity in Transportation Planning, Transportation Planning
Handbook

MARTÍNEZ, I., VITORIANO, B., FERNANDEZ—CARDADOR, A. and CUCALA, A.P.,
2007. Statistical dwell

time model for metro lines. WIT Transactions on The Built Environment, 96, pp.
1—10.

MELLITT, B., GOODMAN, C.J. and ARTHURTON, R.I.M., 1978. Simulator for studying
operational

and power—supply conditions in rapid—transit railways. Proceedings of the Institution
of Electrical

Engineers, 125(4), pp. 298—303

Morris Brenna, Federica Foiadelli, Dario Zaninelli, Electrical Railway Transportation
Systems, John Wiley &

Sons, 2018

ÖSTLUND, S., 2012. Electric Railway Traction. Stockholm, Sweden: Royal Institute of
Technology.

PROFILLIDIS, V.A., 2006. Railway Management and Engineering. Ashgate Publishing
Limited.

SCHAFER, A. and VICTOR, D.G., 2000. The future mobility of the world population.
Transportation

Research Part A: Policy and Practice, 34(3), pp. 171-205. · Moshe Givoni, Development
and Impact of

the Modern High-Speed Train: A review, Transport Reciewsm Vol. 26, 2006.

SIEMENS, Rail Electrification, 2018.

Steve Taranovich, Electric rail traction systems need specialized power management, 2018

Vuchic, Vukan R., Urban Public Transportation Systems and Technology, Pretice-Hall Inc., 1981.

W. F. Skene, Mcgraw Electric Railway Manual, 2017

[웹사이트]

한국철도공사 http://www.korail.com

서울교통공사 http://www.seoulmetro.co.kr

한국철도기술연구원 http://www.krii.re.kr

한국개발연구원 http://www.kdi.re.kr

한국교통연구원 http://www.koti.re.kr

서울시정개발연구원 http://www.sdi.re.kr

한국철도시설공단 http://www.kr.or.kr

국토교통부: http://www.moct.go.kr/

법제처: http://www.moleg.go.kr/

서울시청: http://www.seoul.go.kr/

일본 국토교통성 도로국: http://www.mlit.go.jp/road

국토교통통계누리: http://www.stat.mltm.go.kr

통계청: http://www.kostat.go.kr

JR동일본철도 주식회사 https://www.jreast.co.jp/kr/

철도기술웹사이트 http://www.railway-technical.com/trains/

색인

저자소개

원제무

원제무 교수는 한양 공대와 서울대 환경대학원을 거쳐 미국 MIT에서 도시공학 박사학위를 받고, KAIST 도시교통연구본부장, 서울시립대 교수와 한양대 도시대학원장을 역임한 바 있다. 도시재생, 도시부동산프로젝트, 도시교통, 도시부동산정책 등에 관한 연구와 강의를 진행해 오고 있다.

서은영

서은영 교수는 한양대 경영학과, 한양대 공학대학원 도시SOC계획 석사학위를 받은 후 한양대 도시대학원에서 '고속철도개통 전후의 역세권 주변 토지 용도별 지가 변화 특성에 미치는 영향 요인분석'으로 도시공학박사를 취득하였다. 그동안 부동산 개발 금융과 지하철 역세권 부동산 분석 등에도 관심을 가지고 강의와 연구논문을 발표해 오고 있다.

현재 김포대학교 철도경영과 학과장으로 철도정책, 철도경영, 서비스 브랜드 마케팅 등의 과목을 강의하고 있다.

도시철도시스템 Ⅰ 도시철도일반·차량일반

초판발행	2021년 1월 10일
지은이	원제무·서은영
펴낸이	안종만·안상준
편 집	전채린
기획/마케팅	이후근
표지디자인	조아라
제 작	우인도·고철민
펴낸곳	(주) 박영사
	서울특별시 금천구 가산디지털2로 53, 210호(가산동, 한라시그마밸리)
	등록 1959. 3. 11. 제300-1959-1호(倫)
전 화	02)733-6771
f a x	02)736-4818
e-mail	pys@pybook.co.kr
homepage	www.pybook.co.kr
ISBN	979-11-303-1141-8 93550

copyright©원제무·서은영, 2021, Printed in Korea

* 파본은 구입하신 곳에서 교환해 드립니다. 본서의 무단복제행위를 금합니다.
* 저자와 협의하여 인지첩부를 생략합니다.

정 가   15,000원